从上海石库门建筑的形成背景出发，
结合静安区住宅发展历史，
整理了静安区石库门的营造历史以及新老静安区
不同发展历程下石库门里弄的演变特征。

U0151324

静安
石库门

时筠仑 著

上海交通大学出版社
SHANGHAI JIAO TONG UNIVERSITY PRESS

内容提要

本书是一本关于上海市静安区范围内的石库门里弄的研究论著,通过历史研究、现场勘查、建筑测绘等工作,结合上海石库门建筑的形成背景与静安区的住宅发展历史,对静安区三十多处石库门里弄进行了详细梳理和案例研究,分析探究了静安区石库门里弄的营造历史、演变过程、分布特征、保存现状和价值内涵,为上海石库门研究提供了丰富资料,并在此基础上,针对现行静安区住宅的保护更新政策,对石库门里弄的保护更新情况进行总结和反思,展望、探讨了未来石库门里弄的发展和保护前景。

图书在版编目(CIP)数据

静安石库门 / 时筠仑著. —上海:上海交通大学
出版社,2020(2023 重印)
ISBN 978-7-313-22952-6

Ⅰ.①静… Ⅱ.①时… Ⅲ.①民居-建筑史-静安区
Ⅳ.①TU241.5

中国版本图书馆 CIP 数据核字(2020)第 027332 号

静安石库门
JING'AN SHIKUMEN

著　　者:	时筠仑			
出版发行:	上海交通大学出版社	地　　址:	上海市番禺路951号
邮政编码:	200030	电　　话:	021-64071208
印　　制:	苏州市古得堡数码印刷有限公司	经　　销:	全国新华书店
开　　本:	710mm×1000mm　1/16	印　　张:	17.25
字　　数:	289千字		
版　　次:	2020年8月第1版	印　　次:	2023年11月第2次印刷
书　　号:	ISBN 978-7-313-22952-6		
定　　价:	128.00元		

资料和技术支持

李　涧　吴瑶俊　周　松

丘博文　竺　迪　李振东

陈汝俭　陈晓琳　邱笑羽

陆　新　宋　琳　张恩铭

周雨珏

前言

　　由于2015年"撤二建一"工作展开,原静安区和原闸北区合并为新静安区,从地域上看,现今的静安区横跨苏州河两岸,呈现出丰富的风貌。按照1949年以前的行政区划分析,静安区内包含了原公共租界、原法租界和原华界,这样的区位因素使得静安区内留存有大量历史建筑,而其建筑类型与建筑风格,则因为区域内不同地段在历史发展中不同的进程,各自体现出不同的特色。其中所分布的各种类型的石库门里弄,为石库门建筑的研究提供了大量参考。随着张园地块在2019年征收生效后,对石库门里弄的研究和保护再一次成为焦点。

　　本书的写作正是基于静安区石库门里弄的大量案例分析和研究,是对静安区石库门里弄保护工作长期实践和积累的集中体现。

　　静安区石库门分布广泛、种类多样,有像梁氏民宅这样装饰精美,体现出传统中式特色的老式石库门,也有像四明邨、多福里这样简约西化的新式石库门;有东斯文里这种建筑式样较为单一的石库门里弄,也有张园这类式样繁多、风格多元化的石库门里弄。基于案例的研究能够更为直观地展现静安区石库门建筑的演变历程和风格特色,进而使人更加深入理解"石库门"这一上海住宅建筑最为典型的代表。

在历史研究、案例分析的基础上，本书也对静安区石库门里弄的保护现状进行了总结。在城市更新速度不断加快的当下，静安区对较多石库门里弄进行了保护更新，或改造为商用，或对建筑进行了一定整改，但依旧有大量石库门里弄未进行保护更新，更有一批石库门建筑处于动迁未改造的闲置状态。整体来看，静安区石库门里弄的保护情况参差不齐，不同地段因为条件的差异而在石库门里弄的保护上采取了不同措施。

静安区在城市更新的探索道路上一直走在全市前沿，也是上海市较早开展石库门保护工作的区域，从20世纪80年代开始，就进行了一系列旧城改造工作的探索，包括"搭搭放放"、"365"危棚简屋改造、成套率改造、新一轮旧区改造、整街坊保护改造等。本书回顾了近几十年来静安区在石库门里弄保护过程中经历的阶段和采取的策略，通过对过去保护手段的解读和剖析，希望能够探索出未来石库门里弄保护更为合理的更新手段。

《静安石库门》一书，得到了上海交通大学建筑文化遗产保护国际研究中心、上海张园建设投资有限公司、上海静安建筑装饰实业股份有限公司等单位的支持，特别是上海交大团队在文献梳理、档案调查、现场勘查、建筑测绘等方面，提供了极为专业的学术支持，花费了很大的精力，书中大量的测绘图由吴瑶俊、丘博文、竺迪、陈晓琳和邱笑羽绘制完成，在此，谨致以衷心的感谢。

上海已经进入存量房时代，如何更好地保护石库门建筑的真实性、完整性，如何提升石库门里弄内原居民的生活水平，如何确保石库门在改造后依旧保持生命力，这都是未来石库门保护过程中需要解决和面对的问题。静安区石库门建筑有其独特的区域特色，希望本书提供的大量案例、资料和分析研究，能够使读者对静安区石库门及其保护工作有较为全面、深入的认识和了解，也希望本书的出版能够为未来石库门里弄的保护更新工作提供一定的研究支持。

目 录

上 篇

静安区石库门研究

第**1**章

上海里弄

1.1　上海里弄民居概述

1.1.1　上海里弄的起源与形成

里弄建筑是在我国近代历史中产生并发展起来的一种新的居住建筑类型。"里"，会意字，从土，从田，含有居所和区域划分的意思。《说文》中定义其为"居也"。同时，"里"也是古代的一种居住单位。《尚书大传》中称："八家为邻，三邻为朋，三朋为里。"如此计算，一里则为七十二家。弄，辞书中的相关释义为建筑物之间的狭窄小路。在吴地的方言中，小弄也称为"弄堂"，或者"弄唐。"祝允明《前闻记·弄》中曾有描述："今人呼室下小巷为弄……又呼弄唐，唐亦路也。"里弄住宅的出现，标志着我国近代城市住宅发展进入了一个新的阶段。

上海是里弄民居出现最早的城市，它的产生和发展对我国其他城市，如天津和武汉的里弄住宅都有较大影响。上海里弄民居作为上海民间居住建筑的一种类型，集中建造在上海市中心区，兴起于租界出现之后，到1949年为止，先后建设了近一个世纪。里弄民居是在土地私有制的基础上，利用个人或集团占有的土地，以有限的资金，尽可能多地建造适合当时某些阶层使用要求的住宅。里弄民居不同于独院住宅或高层公寓，它是一个建筑群体，毗连建造，集体居住，共同使用一个或者几个出入口；它也不同于1949年后新建的职工住宅，里弄建筑密集，自成一体，通过总弄与街道衔接，总弄设有栅门，便于警卫；它更不同于简屋棚户，是按照当时建筑法规建造的，在结构安全、使用功能以及防火、警卫方面都具有较大的优越性。

上海里弄的营造，是应上海城市发展的需要而兴起的，也是城市住宅商品化的产物。1843年上海开埠后，很快发展为全国的贸易中心港口，随着外来人口和工商业不断增加，房地产逐渐商品化。里弄住宅由房地产商投资，根据对象生活的多种不同需求而成批建造，再进行分户出售或分户出租。住宅由原来分户分散的单栋自建过渡到多栋排列集居的方式，体现了上海近代住宅及住宅商品化的发展。

上海里弄住宅起源于1853年，适逢小刀会起义期间，当时城厢内外及青浦、嘉定等地的地主纷纷迁入租界。到1855年间，华人由500人骤增至两万人以上，于是英国商人趁机在广东路、福州路、河南路一带相继建造大批木板房屋，以出租牟利。到1860年，在英美租界内，已有以"里"为名的住宅约8 760幢。1860—1863年间，太平天国起义军三次逼境，周边及江浙等地的地主豪绅蜂拥至上海租界，人口猛增至十万余人，地价暴涨十余倍。在此种情况下，外国及华人房地产业主开始不断建设并购置房产，木板式里弄住宅急剧发展，其排列仿照欧洲联排式住宅形式，成为上海里弄街坊的雏形。

1864年太平天国战争结束，上海的工商业终于得到了一丝喘息的机会。5年后，上海与伦敦间建立了电讯，工商业日益繁荣，城市人口也不断增加，房地产业进入新的阶段。鉴于之前建造的木板房屋易遭遇火灾，因此此时房地产商经营的房屋不再是木板结构，而是在土地上有规划地建造连接式砖木结构的二层楼民居建筑。这种建筑的布局更加配合城市道路的建设，一般以街坊为单位，采取行列式，这时上海里弄建筑正式出现。

1.1.2　上海里弄的发展及分类

上海里弄民居自19世纪末在上海出现，先是以石库门的建筑形式出现的，后随着社会环境、居住要求、建筑材料等的变化，在后续的建设和经

营中，形成了多种不同的里弄类型，包括新式里弄、花园里弄、公寓里弄
（见图1-1至图1-4）。

对于石库门里弄来说，单幢的房屋称为"石库门"，成群、成组的石
库门建筑组成了石库门里弄。石库门一般有老式石库门和新式石库门之
分。老式石库门兴建于1870—1910年间，平面布局以三开间两厢房为主，
二层建筑，也有因户主自行改建而出现的三开间前后双厢房、五开间两厢
房以及带走马廊等变体形式的里弄民居。根据清光绪二年（1876年）出
版的《沪游杂记》记载，当时英、法租界内以"里"命名的民居建筑已有
105处，当时黄浦区内已建造了祥福里、兆福里等多个里弄。随着1911年
清朝统治瓦解，中国传统的大家庭结构也逐渐分解为小家庭，同时由于人
口的增加和地价的上涨，早期多开间、横向面宽大的石库门住宅已经难以
有继续建造的理由，因此，紧凑方便的小住宅单元成为建造的主流。当时
陆续出现了淮海中路的宝康里（1914年）、斯文里（1916年）等以单开间
为主的新式石库门里弄住宅。

在1920年后，出现了一批新式里弄民居，其配有现代化的卫生及取
暖设备，并且在通风、采光等方面均有讲究，总体布局和平面形式都和之
前的旧式里弄民居有较大差别，较为典型的有1932年建造的静安别墅。在
1930年前后，又出现了一类带有花园的里弄民居。传统石库门建筑的天
井和门头已经消失，取而代之的是铁栅栏或低矮的围墙以及小型庭院。建
筑装修较为精致，房屋三面开窗，室内设有壁橱、硬木地板、钢窗等。在
1931—1945年间，由于花园里弄用地较费，投资颇大，这时的里弄民居转
而投向公寓里弄住宅的方向。这种类型的住宅类似于近代集体住宅，最为
突出的特征是其如同西方公寓住宅般的单元布局，是一种分层安排同居住
单元的集合式住宅，总体布局类似里的形式。公寓里弄住宅的每层有一
套或者数套房间，包括起居室、卧室、浴室、厨房等单元。

抗日战争期间，由于日军的轰炸，闸北、南市、郊县等地被毁的房屋
多达数万幢。战乱年代，房屋建设活动受到严重影响，除了一些未了的工
程外，比如巨鹿路景华新村等还在续建中，新建民居极少。1941年12月，

图 1-1 石库门里弄（张家花园）
图 1-2 新式里弄（安乐坊）
图 1-3 花园里弄（愚园路419弄）
图 1-4 公寓里弄（花园公寓）

上海彻底沦为日占区，里弄民居的建设基本处于全面停止的状态。1945年抗日战争胜利后，在国民政府管制下的上海，通货膨胀严重，民不聊生，上海的房地产业十分萧条，里弄民居的建设也基本处于停滞状态。1949年之后，里弄民居虽然有其自身的优点，但是已经不能满足上海城市工业化的快速发展，故此时的居住建筑以新工房为主，里弄建筑的建设基本进入尾声。

1.2 石库门里弄建筑介绍

1.2.1 石库门的发展历程

关于石库门名称的来历，历来有两种说法。一种认为，古代帝王所居之处设有五门（路门、应门、皋门、雉门、库门），诸侯居所则有三门（路门、稚门、库门），以示等级礼制，类似于天子九鼎八簋、诸侯七鼎六簋的中国古典礼制。无论是帝王还是诸侯，住所最外之门，都称为"库门"。而石库门建筑多采用石材制作门框，并配有典型的黑漆大门，因此有"石库门"之称。另一种说法是，沪语中习惯把一种物件（包套或收束在另一件物件之外）称为"箍"，例如"箍桶""箍盆"。因此，上海民间把这种出现在英租界中，用条石"箍门"的房屋，称为"石箍门"，后因宁波、绍兴方言"箍""库"不分，而传为"石库门"。但如今，已无法考证哪种说法是为事实。

石库门里弄作为上海最早的里弄民居形式，出现于19世纪70年代。由于早期的简陋木板房存在较多的安全隐患，尤其是火灾问题，因此在1869年，上海市公共租界工部局发布了专门针对这些木板房的管理章程——《上海洋泾浜北首租借章程》，强制性拆除了大批木板房，取而代之的是砖木住宅房屋。不过在当时，除了木板房存在安全隐患这一原因外，租界当局对其的取缔还有更深层次的原因。在1860—1862年间，由于太平天国运动，大批外来的地主和平民逃入租界地区，导致租界内的房屋建设出现了暴增的情况，外商趁机大肆进行房地产投机活动，在河南路以西、湖北路浙江路以东的英租界，此类木板房就达8 000多幢。这些木板房和房地产投机行为为外商和租界带来了丰厚的收益。但是，在1865—1880年间，情况急转直下。太平天国运动结束之后，来租界中避难的华人纷纷离开，这些木板房的出租率急剧下降，疯狂投机的时代至此告一段落，上海的人口增长缓慢，有时甚至出现负增长，简易的木板房便失去了继续存在的理由。木板房被强制取缔后，在随后的19世纪70年代，除了1878年房租普遍下降10％～15％外，房屋出租率逐步回升。外国专业性房产公司纷纷成立。地产商们借鉴中国江南合院住宅，建起了联排的木立贴式（穿斗式）里弄住宅，因其乌漆实心厚木大门外有一圈石头门框，因而被称为石库门，这便是老式（早期）石库门。这种石库门里弄在总平面布局上吸收了西方连列式住宅的做法，采用横向式与纵向连列的组合，以适应租界内人多地少及高地价的现实。其单体平面为前天井，正间带东西两侧厢房，正间为客堂间。客堂间之后为楼梯，再后为后天井及厨房。二层平面与一层类似，只不过厨房之上不再加盖房屋。整幢建筑的占地面积大多在100平方米左右，高墙深院，院门一关即是一片属于自己的安定之地，迎合了来租界避难的江南人士的居住习惯，因此石库门建筑在租界内快速发展，很快成为当时租界内分布最广的一种里弄民居形式。

现在已经无从考证第一幢石库门建筑为何处，但是根据已有史料的记载，建于1872年的兴仁里很可能是最早的石库门建筑。兴仁里位于北京东路以南，宁波路以北，河南中路以东。兴仁里主弄长107.5米，弄堂铺地用长条石砌筑，占地约为13 000平方米，建筑面积为9 157平方米。兴仁里由24幢三开间两厢房和五开间两厢房的合院式石库门组成，都是二层结构，各类住户加上店铺总计57户。兴仁里在1980年被拆除，原址建设为六层住宅。后来陆续建造的石库门里弄还有1899年的同益里、1904年的吉祥里和青阳里等。

进入20世纪10年代，由于租界内人口的增长需要更多的土地，再加上地价的飞速上涨，占地较多的老式石库门作为一种不够经济的居住形式逐渐被地产商所舍弃，取而代之的是以单开间和双开间为主的新式石库门。19世纪末到20世纪20年代是新式石库门里弄建筑的黄金时期。

石库门里弄自1949年后就几乎停止了建造，但这并不意味着石库门里弄停止了更新。20世纪60年代是十分特殊的一段历史时期，在这一时期，新中国户籍制度、里弄整风、公布建设社会主义的"总路线"这三项大事接连出现在上海里弄居民面前，上海的石库门里弄社区里发生了看得见和看不见的巨变，它的空间特质和社会特质被重新塑造，并与当代城市再生议题密切关联。首先，在里弄的空间改造方面，"地富反坏右"五类分子被施以空间驱逐或压缩，从而国家和集体获得了石库门里弄的空间和住房资源，并对其进行再分配。最终的结果是大多数市民，他们作为社会主义制度下的"新房客"获得了居住空间。同时，政府也通过户籍制度强化了对新房客流动性的把控。至此，石库门里弄社区中原本高度分散的社会个体被组织成生产和生活的集体。其次，1958年前后，在全国范围内推进的由私向公的房屋权属变化在上海石库门里弄中并没有遭遇太大的阻力，实现了较为平和的转变。上海的石库门建筑大多是房地产开发的产物，所以私人作为房屋业主的情况并不多见。很多石库门建筑在50多年间不断转租，几经易手，因此房屋在产权关系上的归属十分复杂。同时，绝大多数石库门房屋的使用者是租户，并非是房屋拥有者，因此对产权的易手并不敏感，而是对于租金的波动和房屋维护更为关注。兼之新政权在就业上为二房东安排了生活出路，于是，50年代后期的房屋产权由私向公转移并未在上海石库门里弄中造成普遍的、极端的社会冲击，反而在"情"和"理"方面得到广泛"理解"，这一现象是十分特殊的。

自清代同治九年（1870年）石库门里弄出现及兴起，上海大约建造了9 214条旧式里弄（石库门里弄及广式里弄），建筑面积达到约2 100万平方米，占全市总住宅面积的57.4%，为70%的市民提供了住所，在这其中又以石库门里弄为主，占到了旧式里弄总体数目的70%。石库门里弄是1949之前上海分布最广的居住形式，小小的弄堂中蕴藏着人生百态，记录着世事变迁，是上海人关于"家园"最深刻的印象之一，深深地打上了上海所独有的印记。上海石库门发展简史如表1-1所示。

表 1-1 上海石库门发展简史

年 代	社会及文化背景	石库门建筑发展历程
1853年	小刀会起义，外地居民涌入，租界内的房地产商借机开始建造木板房	建造了一系列简易的木板房屋
19世纪60年代初	太平天国运动经略东南，大批江浙人进入租界，租界人口爆发。地产商趁机大批量建造简易的木板房	各洋行纷纷建造木板简屋
1869年	工部局出台章程，拆除了大量的简易木板房，推广砖木结构的房屋。房地产商开始争相购置土地，建立起了占地少、用料少、造价低的石库门房形	砖木建造的石库门诞生，逐渐替代简屋
1890年	仿照江南合院式的联排式石库门建筑开始大量建造	这一时期的石库门建筑形制主要为正间带两厢，合院式，山墙形制多为马头墙及观音兜压顶
20世纪初	上海租界内的人口极速增长，地价飞增，传统大家庭结构开始解体	单开间或双开间新式石库门出现
1930年	租界扩张完成，居住在公共租界内的华人达到了97万人	石库门里弄成为上海市民生活的主要场所

1.2.2　石库门的分类及特征

在不同的时代背景下，由于建筑材料、施工方式以及生活方式的不同，石库门建筑在不同时期具有不同的特点，据此可分为老式石库门和新式石库门两种类型。

1. 老式石库门

一般来说，建于1910年以前的石库门建筑属于老式石库门。老式石库门的建筑特征包括平面布局、门窗装饰以及山墙特征等，无不受到江南传统建筑的影响。老式石库门规模较大，一般有五开间及三开间两厢房的设置，同时老式石库门的建筑材料及结构形式大多是对中国传统建筑的继承，只是在房屋排列形式上借鉴了西方的联排式做法，形成横向毗邻的里弄形式[①]。

---

① 王绍周，陈志敏.里弄建筑[M].上海：上海科学技术文献出版社，1987：54.

1）时代背景

如图1-5所示，老式石库门产生于19世纪70年代（清同治年间），19世纪末20世纪初是其建设的黄金时代，也是19世纪末期上海租界内最为普遍的一种里弄居住形态，直至20世纪10年代后期被新式石库门取代。

图1-5 19世纪90年代上海老式石库门分布区域

2）分布区域

老式石库门发展初期主要分布在英租界，即今天的黄浦区范围内，比如建于光绪二十二年（1896年）的厦门路仁兴里；建于光绪二十六年（1900年）的广东路老昌兴里；建于光绪三十三年（1907年）的浙江中路洪德里；建于宣统二年（1910年）的广东路公顺里等。到了19世纪末20世纪初，受到租界内房产建设和居住形式的影响，房产商纷纷在非租界区域建设起老式石库门住宅，于是出现了南市豆市街的绵阳里、敦仁里和吉祥里等①。

---

① 上海章明建筑设计事务所.老弄堂建业里[M].上海：上海远东出版社，2008：22.

3）总平面布局

清同治九年到宣统二年期间（1870—1910年）建造的早期老式石库门，虽然其建设在一定程度上参照了西方行列式住宅，但为了在有限的土地上尽量多地建造房屋，一般结合地形而建，对房屋的朝向、通风、采光等方面的考虑有所欠缺，由此往往造成里弄房屋的排列过分拥挤和凌乱。老式石库门里弄房屋的排列有东西向的，也有南北向的，弄内道路狭窄，大多为3米左右，没有主弄和支弄之分。老式石库门发展到后期，即在1910—1919年间，其在总平面布局上开始注重朝向，排列也较为整齐，同时支弄数量增多，但是弄道的宽度仍为4米以下，消防安全依旧是一大隐患。另外，老式石库门里弄的建筑规模一般不大，多数为10～20个单元[①]。

4）单体平面布局

老式石库门的单体平面布局总体上参考了我国江南传统民居的建筑形制，但是取消了门埭，改为石库门，并将东西二院改为东西二厢房，前院改为天井，于是形成了老式石库门最早期的三间两厢等其他多开间形式的石库门住宅[②]。其开间跨距大约为3.6～4.2米，进深约为16米，三开间石库门的占地面积约为200平方米，五开间及七开间的石库门建筑占地面积则可以达到400～600平方米[③]。

老式石库门的单体平面布局遵循中国传统住宅的中轴线模式，即"大门—天井—客堂间及两侧厢房—楼梯间—后天井—附房"（见图1-6）。具体来说，石库门入口处是一面高约5.4米的围墙，大门镶嵌在围墙中间，一般采用宽1.5米、高2.5米的双扇内开石库门。进入门内，为一横向长方形或方形天井，面积一般为16平方米左右。主屋正中为客堂间，两侧设有厢房。客堂间有可拆卸的落地长窗，形式为我国传统格子门的简化。客堂间后方设置横向的楼梯间，厢房进深为天井、客堂间、楼梯间三者之和。

---

① 王绍周，陈志敏.里弄建筑[M].上海：上海科学技术文献出版社，1987：54.
② 同上。
③ 沈华.上海里弄民居[M].北京：中国建筑工业出版社，1993：33.

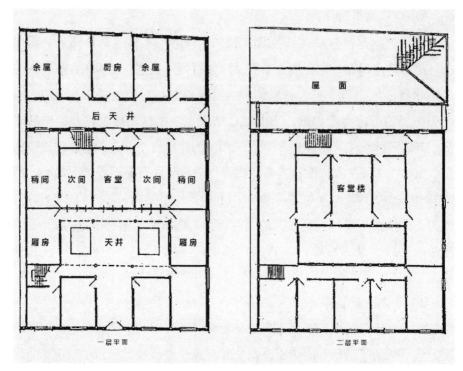

余屋　厨房　余屋

后天井

稍间　次间　客堂　次间　稍间

厢房　天井　厢房

一层平面

屋面

客堂楼

二层平面

图 1-6　老式石库门平面图[①]

楼梯间之后设有一横向的后天井，深度很浅，在1.2～1.5米之间。后天井
分隔开了老式石库门的正屋和附屋部分。附屋为单坡斜屋顶平房，宽度与
正屋齐平，进深在3～4米之间，一般用作厨房或者储藏室。附屋向后天
井开窗，并在屋顶上设置木晒台，由楼梯间后部搁置的木扶梯上下。层数
方面，正屋部分为两层，附屋则为一层。总体来说，老式石库门的单体平
面布局保持了我国传统民居封闭式中轴对称的深宅大院式布局特征，但是
面积尺度大大缩小，空间也变得更加局促。这样一种单元布局基本满足了
居住在租界内的中国家庭的传统生活方式和居住观念，又节省土地，适应
了近代城市空间发展的趋势[②]。

① 上海市文化广播影视管理局、石库门里弄建筑营造技艺[M].上海：上海人民出版
社，2014：38.
② 沈华.上海里弄民居[M].北京：中国建筑工业出版社，1993：33.

5）结构与用材

老式石库门建筑的构造方式和建筑材料均继承了江南传统民居的做法，承重之用的内外山墙及木柱均用清水三合土、灰浆三合土做基础。木桩基础之上放置柱墩，桑皮石之上再置圆形石墩，以防木柱柱脚受潮。对于非承重墙，天井前面的围墙以条石为基础，内部分隔墙则多用半砖墙，砌筑于碎砖之上。建筑的勒脚及石库门门框用条石，同时墙面施纸筋石灰。老式石库门所用的砖料，大多为土坯制黄道砖，结构简陋，不甚牢固。

正屋部分一般采用五柱落地的穿斗式结构，上海民间俗称"立帖"，后期也有四柱落地的形式，对于进深较大的房屋，则采用七柱落地。木柱常用杉木，直径约为15厘米，后期应用洋松后，立帖木柱也有改用洋松方柱的。

老式石库门的木楼板由木楼板、木搁栅、木枋组成。楼板大多采用杉木及松木，厚度在2.5厘米之上。木搁栅采用杉木圆筒，直径在15～20厘米之间，间距60厘米。穿枋宽度一般为10～13厘米，高20～30厘米，用杉木或松木做成。石库门建筑正屋的楼板，多数做有挑口，挑出20～30厘米不等，以扩大居室面积。作为沿街商铺的石库门建筑，则一般将大料外挑75～90厘米，其下置有斜撑，以增大大料的支撑强度。室内地坪常铺设方砖或实铺地板，以防止鼠类藏身。屋面铺蝴蝶式泥瓦（小青瓦），檐口挑出长度在50厘米左右。老式石库门的楼梯多采用横向单跑直上、曲尺转弯的形式，宽度在70厘米左右，坡度较陡，均在45度以上。

6）建筑装饰

老式石库门的建筑风格深受江南传统民居的影响。建筑色彩较为朴素，基本是以灰黑（屋面）、粉白（墙面）和茶褐色（门、窗、柱）三色为主调。黑白对照的传统色调，给人以稳重安全的感觉。立面常用马头墙或观音兜形式的山墙，客堂间的落地长窗、檐部挂件以及两厢格子窗等均为江南民居的传统做法。老式石库门建筑的石库门较为简单，仅为一简单的石料门框，配以黑漆厚重的木门扇。到了稍晚些时候，石库门门头的装饰开始变得丰富，多采用中国传统的花鸟虫兽及祥云等图案。

2. 新式石库门

1）时代背景

新式石库门里弄民居大约出现在20世纪10年代。19世纪与20世纪之交，随着欧美对上海持续的资本输出以及民族资本的发展，上海涌现出了一大批纺织工厂，吸引了大批外来劳动力，导致城市人口急剧增加，房地产业蓬勃发展，地价也持续飞升（见表1-2）。同时，中国传统的大家庭聚居模式开始被打破，出现了更多小家庭结构，故早期占地面积较大的老式

表1-2 上海公共租界历年土地估价情况表 [①]

年　　份	估价面积/亩 [②]	估价总值/两 [③]	每亩平均估价/两	每亩平均增价指数
1865	4 310	5 679 806	1 318	100
1875	4 752	6 936 580	1 459	110
1903	13 126	60 423 770	4 603	349
1907	15 642	151 047 257	9 656	732
1911	17 093	141 660 946	8 281	628
1916	18 450	162 718 256	8 819	669
1922	20 338	246 123 791	12 102	918
1924	20 775	336 712 494	16 207	1 229
1927	21 441	339 921 955	18 652	1 415
1930	22 131	597 243 161	26 986	2 047
1933	22 330	756 493 920	33 877	2 570

---

① 张仲礼，陈曾年.沙逊集团在旧中国[M].北京：人民出版社，1985：36.
② 1亩=666.67平方米，后文不一一标注。
③ "两"是古代货币单位。

石库门渐渐被摒弃。另外，20世纪10年代中期之后，早期建设的老式石库门已经陆续倾颓，房主如若继续支付相关维修费用，则其支出将大大超过房租收入，因此大部分地产商已经开始觉察到老式石库门建设及维修的经济性差。再者，按照当时土地契约条例中的"到期拆屋还地"以及"地上物与土地一并归还地主"的规定，令众多房屋所有者不待租约到期，就采取各种手段令租客迁居他地，拆屋重建新的住宅以供出租。因此，对石库门住宅需求的剧增与现状存量之间的极度不平衡，再加之老式石库门的经济性差，加速了老式石库门向新式石库门的过渡。

2）分布区域

1910年之后，随着租界的扩张，公共租界的房地产市场中心已经逐渐由中区转移到西区、北区和东区，中区的住宅建造改为以"租地翻建"为主。新式石库门住宅的典型代表如下：建造于1914年的淮海中路宝康里，建于1915年的北京西路联珠里，建于1916年的云南中路老汇乐里，建于1916年的新闸路斯文里，建于1928年的延安中路四明邨等。

3）总平面布局

新式石库门里弄的总平面布局有了明显的总弄和支弄的区别，建筑排列更加有方向性，考虑到采光问题，尽量坐北朝南布局，同时在设计建造时将汽车通行纳入了考量之中，因此里弄的尺度和规模变大。新式石库门中有达到20个以上单元一排的里弄，如斯文里（见图1-7）。总平面布局中老式石库门的三开间、五开间单元减少，每排中间单元一般都是单开间，尽头两端则是双开间，少数也有三开间。

4）单元平面布局

新式石库门的平面布置基本沿袭老式石库门的样式。为了适应开间数减少的特点，主要是在附屋部分做了一些修改。单开间石库门在原一层附屋上增加了一层或者两层，作为小卧室，俗称亭子间。亭子间屋顶采用钢筋混凝土板，周围砌筑栏杆墙，架设晒衣架，作为晒台使用。对于双开间石库门附屋的变化则有两种形式，一种是和单开间石库门一样，增设双亭子间和晒台；还有一种则是一间增设亭子间和

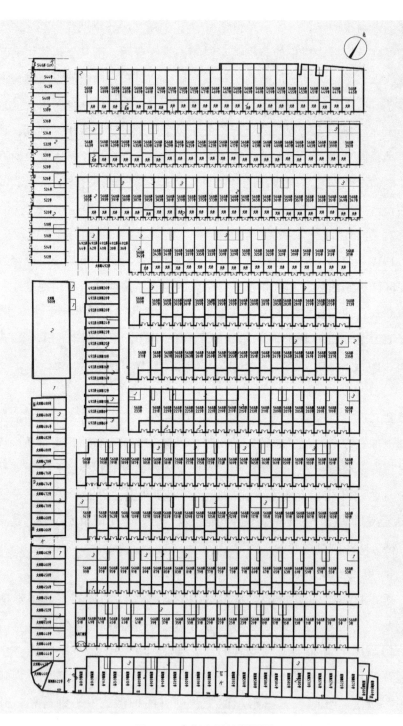

图1-7　东斯文里总平面图

晒台，另一间将厢房向后延伸，延伸部分的层高与正屋相同，底层作为储藏间或卧室，二层做卧室，屋顶采用坡屋顶与正屋顶衔接。同时，新式石库门增加了后厢房的布置，因而之前长方形后天井的面积相应缩小或取消。

5）结构与用材

新式石库门里弄住宅的建造方式和结构体系与老式石库门基本相仿，仅在房屋层数方面出现了少量的三层楼，但是绝大部分还是二层楼。建筑结构大多由原先的木立帖式变成了砖墙承重，钢筋混凝土也在房屋建造中使用，屋顶瓦片由原先的小青瓦变成了机平瓦。同时在弄口和过街楼等部位，开始大量出现砖砌发券[①]。究其原因，主要有以下几个方面：

（1）美松的倾销。美松相比于传统的杉木来说，具有结构坚韧、规格大、价格低廉的特征，在当时被用作填压轮船空仓的材料运来上海。美松大量进口和倾销后，国产木材被挤出了建筑市场。渐渐地，老式石库门中的立帖构架、木柱、桁条、搁栅、椽子等结构材料都逐步由杉木改为美松。同时，美松倾销带来的另外一个结果是房屋结构的变化。由于美松规格大，原先对建筑空间占地较多的立帖式构架被改为豪式桁架，石库门中的木柱也随之减少。

（2）钢筋混凝土的流行。老式石库门里弄民居附屋部分的木质晒台在新式石库门中多被改为钢筋混凝土楼板和晒台，墙上挑出的木质阳台也改为钢筋混凝土阳台，增加了建筑的防火性能。

（3）平瓦和水泥砂浆的推广。老式石库门的屋瓦大多采用江南地区传统的小青瓦，后改用质量更轻的机平瓦代替，不再受屋顶坡度的限制。同时，为了提高砌体强度和房屋的整体稳定性，砂浆由过去的烂泥白灰改为1:3的石灰黄沙，对于砌体强度要求更高的则用1:3的水泥砂浆，强度相当于50号砂浆。

（4）混凝土基础的应用。房屋基础方面大部分仍然沿用碎砖灰砖三合

---

① 利用块料之间的侧压力建成跨空的承重结构的砌筑方法称"发券"。

土，只有当房屋采用钢筋混凝土框架柱时，基础部分才采用钢筋混凝土。

6）建筑装饰

新式石库门的外墙面多以石灰勾缝的清水青砖、红砖或青红砖混用，少数有做粉刷墙面的，上部压顶、下部勒脚用水泥砂浆粉刷，老式石库门的石灰白粉墙几乎不再使用。石库门门框的用材也多由石料改为清水砖砌或者水刷石面层。门头装饰方面，老式石库门门头上的花鸟虫鱼装饰已经比较少见，大多改用西式山花装饰，更有用几何状划块划格的（见图1-8）。

总而言之，通过对比，新老石库门在不同时期具有不一样的特征，如表1-3所示。

图1-8 静安区部分石库门建筑大门

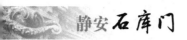

表 1-3　新老石库门对比

	老式石库门	新式石库门
时代背景	产生于19世纪70年代，19世纪末20世纪初为其黄金建设时代	产生于20世纪10年代以后，大致建设于1910—1930年之间
分布区域	多分布在原英租界，即今黄浦区	分布范围较广，在公共租界及法租界均有分布
总平面布局	总平面布局大致按照西方联排式进行组合，没有主弄和支弄之分，消防存在隐患	总平面布局上有了总弄和支弄的区别，建筑的排列更加具有秩序性。总弄的宽度增加，里弄规模增大
单元平面布局	单元平面类似江南传统的三合院或四合院，中轴次序明显，从前至后分别为大门—前天井—客堂间及左右两厢房—楼梯间—后天井—附房。同时建筑体量较大，多为三开间或五开间	在原先的老式石库门附屋部分出现了后厢房和亭子间，后天井面积缩小或消失。石库门体量减少，大多以单开间和双开间为主
结构与用材	承重之用的内外山墙及木柱大多用清水三合土及灰浆三合土做基础，非承重墙砌筑于碎砖之上。其所用砖料大多为土坯制黄道砖，结构简陋，不甚牢固。采用五柱落地的木立帖式结构，楼板、搁栅等多为杉木。屋面瓦大多为小青瓦	结构体系逐渐由木立帖式变成砖墙承重。钢筋混凝土楼板用于石库门建设中，多用在亭子间及晒台部位。屋面用瓦改为机制瓦
建筑装饰	建筑色彩较为朴素，山墙形式多为马头墙及观音兜式山墙。所用砖料大多为土坯制黄道砖，墙面施纸筋石灰。石库门装饰简单，仅为一简单石料门框配黑漆外门扇，后期门头装饰出现中国传统的花鸟虫兽装饰	建筑外墙开始使用清水青砖或红砖，配以石灰勾缝。石库门框料改用清水砖砌或水刷石面。门头装饰多采用西式山花砖石，建筑细节部位的装修开始大量模仿西方建筑的处理手法

第**2**章
静安区石库门
发展历史

2.1 静安区石库门历史追溯

2015年，上海撤销闸北区、静安区，合并设立新的静安区，老静安区和老闸北区因在1949年以前有不同的功能定位和租界分区（见图2-1），在历史发展的过程中存在较大的差异，也造成两区域在石库门的发展过程中呈现出一定的区别。老静安区与老闸北区以苏州河为界，老静安区位于苏州河以南，区域内包含1949年以前的公共租界和法租界以及部分西部华界地区。区域南部商业和住宅较为集中，北部因靠近苏州河分布较多仓库和工业空间，西部开发时间较晚。老闸北区位于苏州河以北，区域内包含小部分沿苏州河的原公共租界以及华界地区。老闸北区早期依托苏州河，以发展工业为主，住宅的整体建设受到工商业的影响较大，呈现出工厂和住宅相互穿插的现象，北部地区开发时间较晚，在1949年后才逐渐成熟。

2.1.1 静安区住宅发展史

1. 老静安区

除了以石库门为代表的旧式里弄和新式里弄外（见图2-2），区域境内还有公寓里弄如大华公寓（见图2-3），以及花园式住宅如北京西路707弄、愚园路419弄等（见图2-4）。公寓和花园里弄住宅大多分布在区域南部。这些房屋的建造者大多以外国人居多，他们以本国的住宅样式为基本

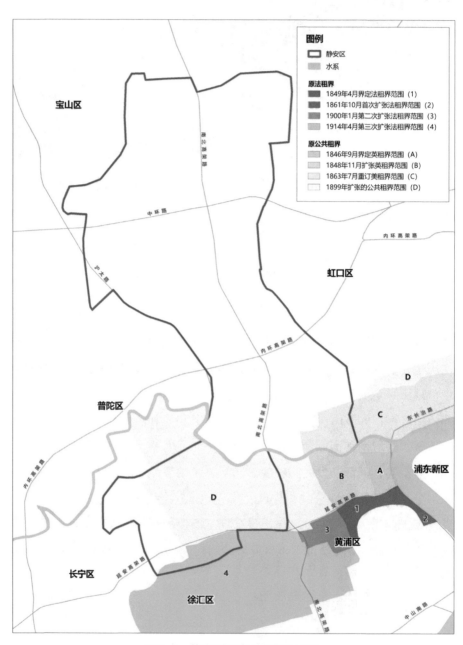

图2-1 静安区历史上租界分布图

图2-2　老静安区新式石库门代表（静安别墅）

图2-3　老静安区公寓代表（大华公寓）

图2-4　老静安区花园式住宅（愚园路419弄）

格调进行建造，于是出现了风格迥异的各式建筑。大致以延安中路、延安西路为界，其北多为英国式、德国式、西班牙式的建筑，其南为法国式建筑。

新工房则出现在1949年以后。原先以三四层的小梁薄板混合结构的简易工房居多。20世纪70年代后期，区域内的新工房大量兴建，层数以五到六层为主，结构和房内设施均有了较大改进。

2. 老闸北地区

19世纪中后期，老闸北区域内的里弄房屋主要由老宅基、联列式平房、石库门住宅和广式里弄4种房屋组成。20世纪初，演变为以石库门为主，广式次之。1927年，区域内有里、坊、弄810条，集中分布在区域内沪宁铁路两侧。其中220条在租界地区，590条在华界地区，集中于天潼路、海宁路、宝山路、蒙古路、恒丰路等处。

进入20世纪30年代，区域内开始集中兴建新式里弄。1933年，始建永乐新村于北浙江路（今浙江北路）41弄，计40幢，砖木结构，建筑面积为3 390平方米，有煤气、小卫生设备，无阳台。1936年，武进路502弄宝生里建9幢3层砖木结构楼房，建筑面积为2 061平方米，有阳台、煤气、卫生设备，属区域内首例。同年，界路（今天目东路）181弄建联和新村，有37幢2～3层砖木结构楼房，建筑面积为3 651平方米，有煤气、小卫生设备。1937年，建悦安新村于指江庙路（今芷江中路）147弄，为3层砖木结构楼房，建筑面积为1 183平方米，有煤气、卫生设备，围墙内植有玉兰树和夹竹桃等花木。在1993年，区域内新式里弄住宅尚存1.44万平方米，占区内住宅总面积的0.18%。

在花园住宅建设方面，早在清光绪年间，北洋大臣李鸿章建公馆于河南北路界路（今天目东路）转角处，为砖木3层西式洋房，建筑面积为1 093平方米。1949年后，由大东集成印刷厂使用，于1993年建高层新大楼时全部拆除。期间，缫丝业巨商杨信之建住宅于浙江北路61号，南部5间楼房，中为花园，北部是大厅、花厅，后排亦是楼房。清光绪三十二年（1906年），曾任上海商会会长的虞洽卿建住宅于海宁路702号，该住宅为2层砖木结构楼房，楼底有长廊，花园在宅之南部。清宣统二年（1910年），虞洽卿于武进路560号建3层半西式楼房1幢，建筑面积为749平方米。又在580号建东西楼两幢，均为3层，东幢1 188平方米，西幢1 154平方米，花园作小庭院处理，近似新式里弄的天井绿化。1920年，五金店业主杨云波建花园住宅于宝山路450弄26号，系3层砖木结构楼房，建筑面积为792平方米。区域内华界地区花园住宅，于"一·二八""八·一三"日军入侵上海时先后毁于炮火。1993年，区内尚有花园住宅建筑面积5 200平方米。

老闸北地区历史上还有一种以棚户简屋为主的居住形式。19世纪末至20世纪初，区域内工商业、市政交通业兴起，清光绪三十四年（1908年），沪宁铁路通车，从苏、皖、鲁等地来沪谋生的农民和灾民递增。他们在区内空地、荒滩、坟场搭建"滚地龙"、棚户、简屋。集中点以长安路、大统路、裕通路、恒丰路、华盛路、梅园路及铁路两侧为最。1928年，旧上海特别市政府统计，闸北华界有棚户1.11万户，占全市华界棚户2.04万户的54.41%。1932年，旧上海特别市政府再次统计，闸北棚户达3万户以上，4年之间，增加近两倍。"一·二八""八·一三"遭入侵上海的日军狂轰滥炸，区内华界地区建筑物基本被毁。十余万人无家可归，不少难民搭建"滚地龙"和棚户简屋作为栖身之所。抗日战争胜利后，苏、皖、鲁、鄂等省灾民大量流入上海，棚户地区扩大，灾民们沿铁路两侧就近栖身谋生，新搭建棚户随处可见。1948年，区内有棚户简屋67万平方米，100户以上棚户聚居点有120处，居民7万户，23万余人，占全区人口的41.94%。棚户有瓦顶木柱竹片泥墙式、油毛毡顶木片墙式、芦苇稻草编搭的"滚地龙"式、芦苇搁搭的鸽棚式4种类型，如图2-5所示，大多阴暗潮湿，污水遍地。沪宁铁路以南地区，以新民路、大统路、长安路、广肇路（今天目西路）最多。沪宁铁路以北，以中兴路、永兴路、太阳庙路（今太阳山路）、普善路、中华新路尤为集中。棚户聚居点以同乡为群体居多，有苏

图2-5　上海棚户区外观[①]

[①]　图片来源：上海图书馆。

北帮、安徽帮、湖北帮、山东帮。区域内以苏北帮棚户为最多，约占棚户居民半数以上，湖北帮棚户集中在中兴路大洋桥一带。1949年，境内棚户聚居点以蕃瓜弄最大，在6公顷多的区域内，各类棚户3 000多间，居民1万余人，是上海人口密度高的棚户区之一。弄内巷道弯曲狭窄，垃圾成堆，臭水横流，居住条件极差。夏天众多居民死于疾病，又常遭火灾，20世纪初至1949年的近50年中，区域内棚户共发生火灾76起，烧毁棚屋无法统计，死亡80余人。1949年后，政府逐步对大统路苏家巷棚户简屋区进行整治改建，并最终清除了大量的棚户简屋。

2.1.2　静安区石库门营造历史

静安区内石库门营造历史悠久，从19世纪中后叶至20世纪三四十年代均有石库门营造的记录。由于苏州河两岸发展模式的区别以及历史上受租界影响，导致石库门的营造历史也存在不同。如图2-6所示，从租界的扩张过程来看，现静安区内最早的公共租界区域出现于老闸北区东南部

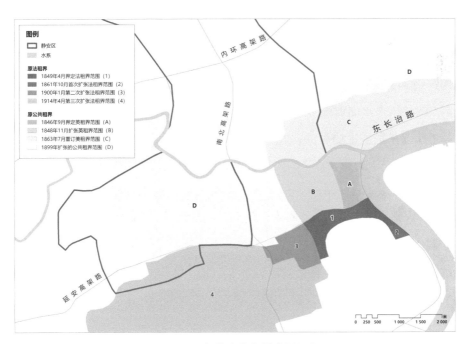

图2-6　1949年前上海租界发展历程

（1863年），其后为老静安区内原公共租界区域（1899年），老静安区南部的原法租界区域形成时间最晚（1914年）。从静安区石库门的营造历史来看，静安区最早出现的石库门位于老闸北区山西北路一带，也是现今静安区老式石库门留存最为丰富的区域。老静安延安高架以南一带，原为法租界区域，开发时间较晚，留存的石库门里弄则是以四明邨为代表的新式里弄。

1. 老静安区

通常将石库门住宅里弄、广式里弄以及被纳入里弄构成的老宅基住宅和连列式平房，统称为旧里住宅。这类里弄住宅的建筑标准较低，水、电设备差，建造时大多没有卫生设备，供通行的弄道较狭窄。此类住宅多由房地产商成批建造，分幢（间）出租。居住对象主要为中、下层市民。原老静安区境内的旧里绝大多数为石库门弄，广式里弄很少。

19世纪末，区内已有石库门里弄出现，发端于东部与黄浦区毗邻的新闸路、成都北路、白克路（今凤阳路）、卡德路（今石门二路）一带。这些石库门弄建筑多因年久朽损，或经多次修缮或被拆除，已难寻旧日全貌，仅某些局部或平面布局尚呈当初的一些特征。如老修德里（凤阳路541弄14号）即为老式石库门里弄住宅。其开间多（五间两厢），进深大（南北达19米）。底层的中央为客堂间，两侧为次间及前凸的厢房，前天井为50平方米，由石库门及围墙连接两厢构成封闭。主居室与后面的灶披间、辅助用房之间由横贯的后天井（1.75米×19.25米）隔离。成曲尺形的木楼梯设在主居室的后部，隐蔽而狭窄。二楼正面窗下的墙面由栏杆和可脱卸的裙板构成，底层以落地木长窗为门户。石库门的用料和修饰简朴，山墙上（尤其是室内）立帖结构十分明显，屋顶为中式黛瓦铺设。又如东升里（成都北路589弄）的石库门仍以江南传统民居中的雀替[①]作为门楣的承托，房屋正面东向设置。这些里弄内往往有水井设置。

1920年前后，在上述地段出现新式石库门的大规模兴建，并迅速向南部的同孚路（今石门一路）、大沽路一带和新闸路的西北扩展，成为当时境内

---

① 雀替指传统建筑中柱与枋相交之处的横木托座。

住宅房屋形式的主要构成。至1929年之间，几乎每年都有一条建筑面积达一两万平方米的石库门里弄建成。如东、西斯文里，联珠里，永庆坊，鸿庆里，华顺里，大中里，永宁里，慈厚南、北里。其中，东斯文里如图2-7所示。由于里弄的大型化，区内东部已形成一些石库门里弄成片的街坊群落。规模较大的石库门里弄，占有较长的沿街周边，其房屋的底层为店铺所用。主弄道出入口上方的过街楼使沿街立面联成整体，以隔断马路嘈杂对弄内的影响。弄内联列的房屋也比先前大为增多。有的多达10排以上，每排10多幢相联。有的里弄还以拱券（发券）联接弄道两边的房屋（如福康里），既增加建筑强度，也增添弄内建筑美观。住宅单体中，多数为适合小型家庭需求的单开间。也有三间两厢住宅联列。住宅的进深多缩短为16米左右，有的更短。单开间面宽3.5米左右。前天井的围墙比先前有所降低，以增加通风、采光。石库门上方的装饰图案多采用西式纹样。栏杆等建筑细部开始采用铁制件。建筑以清水砖墙承重，局部已采用钢筋混凝土，屋顶开始使用平瓦铺设。

图2-7　东斯文里

进入20世纪30年代以后，境内的石库门里弄仍继续建造，主要建造于地价较低的康脑脱路（今康定路）以北和西部的曹家渡一带（见图2-8、图2-9），但是里弄规模逐渐减小，除个别里弄外，多以二三十幢住宅为一条里弄。建筑样式与20世纪20年代相比无多大变化（见表2-1）。1949年以后，区域内以石库门里弄为主的旧式里弄建造停止。

此外，从20世纪30年代初期起，由于连年灾荒和日寇的入侵，大批苏北以及上海闸北地区的难民纷纷逃难至苏州河以南的公共租界及其附近。这些贫苦的市民，有的在石库门中以简陋的材料搭建了二层阁、三层阁甚至四层阁，甚至在天井、晒台上进行搭建；有的因无力租住在里弄房屋，就用简易材料搭建棚户、简屋，形成了大大小小的棚户、简屋区。这些里弄内的建筑密度极高，搭建重叠，阴暗潮湿，主要集中在老静安区的北部，如小辛庄、太平里、星华弄、黄浦弄等地区。

以石库门为代表的旧式里弄住宅所具有的传统封闭格局和样式适合

图2-8　康定路沿街旧式里弄（太平坊）

图2-9 已被拆除的康定路616弄旧址

表2-1 康定路一带旧式里弄梳理

名　　称	地　　　址	兴建年份	建筑结构
承泰里	康定路632弄21～29号	1912	砖木结构
康脑村	康定路580弄18～48号	1912	砖木结构
余庆里	康定路580弄21～29号	1912	砖木结构
德善里	康定路580弄51～69号	1912	砖木结构
公兴里	康定路580弄121～159号	1912	砖木结构
生生里	康定路600弄	1919	砖木结构
逸　庐	康定路114弄	1922	砖木结构
隆智里	康定路108弄及92～106号	1928	砖木结构
联保里	康定路560弄3～19号	1929	砖木结构
太平坊	康定路1353弄及1337～1365号	1930	砖木结构
余德里	康定路44～86号	1930	砖木结构
积善里	康定路1325弄	1931	砖木结构
志诚里	康定路1335弄	1931	砖木结构
永和屯	康定路1395弄	1934	砖木结构
得发里	康定路1381弄	1934	砖木结构

当时多数中国人的人文观念和习惯，始终是老静安区住宅建筑中的主要类型。从早期为进城的地主商贾所居住，乃至作为钱庄、当铺、酱园之用，到后期成为中、低层职员和部分劳动者生活之地，虽然居住其中的人群在不断发生着变化，但是石库门依旧保持着较为稳定的居住结构，不管是老式还是新式石库门，住宅单元平面基本都是保持着石库大门—天井—客堂间—后天井—灶披间的布局。但是需要承认的一点是，当石库门发展到后期，其建筑空间布局中所蕴含的伦理性和宗教性在逐渐淡化。早期的老式石库门，如前面提到的老修德里，其拥有完整的中轴对称布局，中间的客堂间是供奉祖先牌位和长辈居住的地方，两侧厢房则是晚辈居住的地方。但是，发展到新式石库门，由于开间数量的缩小，这种对称轴线已被破坏，相应的伦理秩序也被大大削减。到后期，由于城市人口的增加，原本一家一户的石库门住宅，分租给多人或多个家庭，内部空间也多被改加建，这样单元住宅中就不存在伦理中心和宗教中心了。由于多户人家共住一单元，底层客堂间往往成了过道和公用空间。这样，石库门住宅的伦理性和宗教性完全消失，让位于实用性了。

在同一时期建造的石库门里弄中，也以居住者的经济地位决定着石库门建筑的标准、样式和质量。一些富家门第刻意追求高墙深院、西洋装修的住宅格调。如威海路590弄（张家花园）内的一些石库门住宅，采用老式石库门建筑的基本格局，但水刷石的墙面，外挑的阳台，大量采用的水泥、钢筋材料、彩色花玻璃和西洋装饰是那时建筑潮流中折中主义的时髦表现，是时代的一种表征（见图2-10）。

2. 老闸北地区

老闸北境内的旧式里弄建筑以租界地区天潼路、唐家弄两处最早，约建于清咸丰十年（1860年）前后，其后迭经翻建。唐家弄扩大到有总弄7条、支弄28条和14条里、坊、弄，有东、南、西、北，新、老唐家弄之称。其范围东沿福建北路，西接浙江北路，南起老闸街，北抵七浦路。清光绪十八年（1892年），英商业广地产公司营建彩和里，位于天潼路754弄，有2层砖木结构楼房66幢，建筑面积为5 060平方米。清末洋务大臣李鸿章在区域

图2-10　张家花园内老式石库门上的装饰

内营造房产多年，建了8条里弄，分布在河南北路、塘沽路一带，计160幢，建筑面积为1.7万平方米。清光绪三十一年（1905年），上海商会会长虞洽卿在海宁路696弄始建顺征里，计9幢2～3层石库门住宅，建筑面积为2 800平方米。清宣统二年（1910年），沙逊洋行建造德安里于北苏州路520弄，计327幢，建筑面积为4.38万平方米。1931年，颜料商人贝润生与其弟贝秋生建新泰安里于天潼路727弄、759弄，计307幢，建筑面积为3.2万平方米。

华界地区，1912年，商务印书馆在西宝兴路口建宝兴里，系石库门砖木结构2层楼房，约200幢，80%的居民是商务印书馆职工。1917年，在鸿兴路宝山路建三德里，系砖木结构2层楼房，约20幢石库门住宅。宝兴里、三德里均毁于"一·二八"日军侵沪战争中。1920年，在宝山路上建造宝山里，计砖木结构3层楼房49幢，老式石库门，有晒台、天井、煤气，无卫生设备。1930年，在恒丰路裕通路口建造四安里，计43幢2层石库门住宅。沿街面建造钢筋水泥结构3层楼房数十间，底层开商店，楼上住居民。"八·一三"日军入侵上海，四安里大部分被炸毁，仅剩一排十几间严重毁坏的3层楼房，被称为"闸北三层楼"，时为区内最高居民房。1932年后，建汉兴里于西宝兴路432弄，为砖木结构2层石库门住宅，建筑面积为4 743平方米。至1993年，区内旧式里弄尚存311.66万平方米，占区内住宅总面积的39%。

2.1.3 静安区石库门街区在历史上的地域分布

相较于文字，不同历史时期、不同类型的地图可以更加直观和完整地展现历史时期石库门里弄街区的形成与演变，比如地籍图、行号路图录、里弄分区图等。这些地图蕴含着不同的内容，从中可以考察一个个石库门里弄街区的变迁，包括住宅分布、街巷格局、周边配套的基础设施、街区周边的景观、空间的扩展延伸等。通过对《上海市行号路图录》《袖珍上海里弄分区精图》等的解读，同时结合地籍图、保甲图等地图，从中解读出静安区历史上石库门里弄集中分布的街区主要有大通路斯文里、培德里，威海路张家花园，唐家弄慎馀里和陕西北路4个街区（见图2-11）。

1. 大通路斯文里、培德里街区

如图2-12所示，斯文里是上海新式石库门里弄住宅中规模较大的里弄之一，坐落在苏州南路以南，新闸路以北，大通路（后改为大田路）两

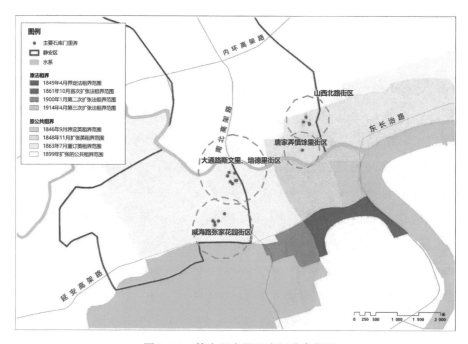

图2-11 静安区主要石库门分布街区

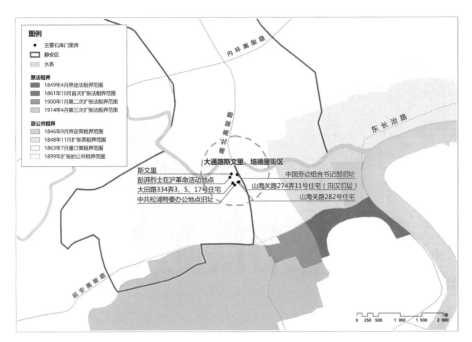

图例
- 主要石库门里弄
- 静安区
- 水系

原法租界
- 1849年4月界定法租界范围
- 1861年10月首次扩张法租界范围
- 1900年1月第二次扩张法租界范围
- 1914年4月第三次扩张法租界范围

原公共租界
- 1846年9月界定英租界范围
- 1848年11月扩张英租界范围
- 1863年7月重订英租界范围
- 1899年扩张的公共租界范围

大通路斯文里、培德里街区

斯文里
彭湃烈士在沪革命活动地点
大田路334弄3、5、17号住宅
中共松浦特委办公地点旧址

中国劳动组合书记部旧址
山海关路274弄11号住宅（田汉旧居）
山海关路282号住宅

内环高架路
东长治路
闸北高架路
延安高架路

0 250 500   1 000   1 500   2 000 米

图2-12　大通路斯文里、培德里街区区位

侧。斯文里一带的街区，主要是由东西斯文里、养和里、怡和里、聚宝坊等组成。沿西苏州河路沿岸，从东到西，依次为经济部第十厂金星造纸厂、福新第七面粉厂，过大通路为上海市工务局机料处、上海银行第一仓库等。在福新第七面粉厂与东斯文里之间，主要是仓库、栈房，有裕商仓库、福新第七面粉厂仓库等，一度还开办过丝厂。大通路、新闸路、成都北路一带沿街，主要是各种店铺。同时，在里弄内还设置有一些小工厂、作坊。比如在东斯文里内部，还设有五金店、成衣铺、鞋作店等。这些由居民自发设立的、穿插在里弄内部的商业，使里弄成为一个商住混合的空间（见图2-13）。这一街区的设计和规划充分体现了石库门里弄的商业色彩。一方面，里弄面向外部的底层往往开发为商业用房。这种做法很普遍，无论是早期石库门还是晚期石库门都是这样。因为商业用房的出租费，会比开发成住宅的出租费要高得多；同时，克服了沿街底层不适合居住的缺点，还可给居民带来买卖方便。另一方面，开发商还会在里弄中设计出商用公共空间，比如菜市场。在东斯文里沿大通路一侧就有这么一处

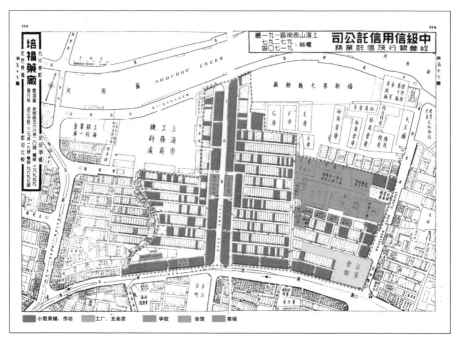

图2-13 斯文里业态分析①

菜市场，如今仍在使用，其东西两侧的房屋面向菜市，都是下店上宅。除了设计出来的商用空间，还有为满足居民生活需要自发产生的店铺作坊。这些店铺，如杂货铺、小餐馆、茶社、诊所、成衣店、面包店，甚至旅社、公司、厂房等，散布在里弄之中，使其成为一个商住混合空间。

培德里一带的住宅出现在20世纪10年代以后，为新式石库门，相比于老式石库门，这一带的石库门里弄在建造规模上普遍扩大，总体布局呈现出明显的总弄、支弄格局，建筑排列也更加有序（见图2-14）。该街区主要由培德里、泳吉里、天宝里、安顺里、宝央邨、松寿里、信业里、山海里、经远里、宝兴村、燕庆里、安乐坊等组成。大通路、新闸路、成都北路、山海关路还有不少沿街店铺，与居民生活生计息息相关。街区内设有小工厂、作坊，还有律师、医生、画师等开设的事务所、诊所、画室等。

在这个街区，还有一些会馆和公所，比如新闸路上的江宁公所和平江

① 作者根据《上海市行号路图录》制作。

图2-14　培德里街区行号图[1]

公所。江宁公所位于新闸路508号，由南京人于1882年建立，公所成立最初的主要功能是代理寄存棺木，帮助把棺木运回南京老家。到了1911年以后，江宁公所成了在上海的南京人的同乡会地址，成为南京人的聚会之处。平江公所位于新闸路635号，由苏州人于1883年建立。平江公所历史上占地面积很大，约40余亩。从20世纪20年代起，公所将土地分几次出卖，其中一部分建设为"武林里"里弄住宅，偏西的一块土地则建设为"西海电影院"，并于1932年9月9日首映。

2. 威海路张家花园街区

如图2-15所示，位于威海路590弄的张家花园石库门里弄街区，是静安区石库门样式较为丰富的地区之一，其中的石库门建造精良，装饰优

---

① 摘自《上海市行号路图录》。

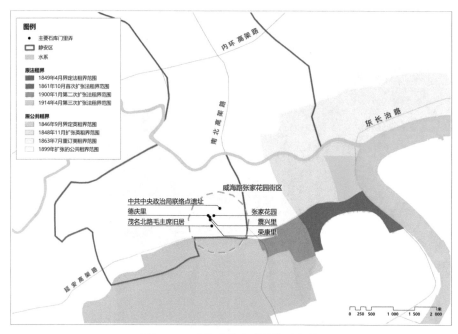

图2-15　威海路张家花园街区区位

美。张家花园所处的这块土地，原先是"海上第一名园"张家花园的所在。1882年，无锡商人张叔和从英国商人和记洋行经理格龙手中买下了其私人花圃，取名"味莼园"，在园中按西洋风格修建园林假山、亭台楼阁，于1885年正式对外开放。当时的张家花园是上海最大的市民活动场所，沪上第一盏电灯、第一辆自行车、第一个室外照相等，都与张家花园有关。但到了民国后，随着城市其他新兴娱乐场所的崛起，庄园盛极而衰，并于1918年停办。随后张家花园的土地被分割出售，用于建造里弄房屋。

如图2-16所示，张家花园石库门里弄街区南邻威海路，北侧靠近南京西路，东侧是石门一路，西侧则是茂名北路。街区内大部分建筑为石库门里弄建筑，在街区的东侧和东南侧也有部分独立式的花园住宅。根据《上海市行号路图录》和《袖珍上海里弄分区精图》，这一片街区在当时分布有德庆里、荣康里、震兴里、永宁巷、颂九坊、华严里、同福里、春阳里、如意里等石库门里弄。这些里弄都是新式石库门里弄，为砖木结构，体量较大，很多都为三开间，一些前后可达到三进的规模。双坡屋顶，梁

图2-16　张家花园街区行号图①

架结构很多已经不似早期新式石库门的穿斗式，而是变成了三角形屋架。里弄为清水砖墙，门楣及窗檐处均有精美的石饰。张家花园内如今还保存有多处"B.C.LOT"字样的租借地界碑，这是当时地产分界的标志。碑上所刻的数字乃是当时土地被出租出去时，所签订的契约编号。

街区中还建有几处花园住宅，包括威海路590弄106支弄2号和590弄41号。威海路590弄106支弄2号原为中联轮船公司大股东周庆云故居，是一幢独立的带有花园的二层住宅，内有弧形楼梯。590弄41号是张家花园体量较大的一幢住宅，为三层两厢一中堂，南立面有着西式风格，而侧面山墙则是中式样式，楼前带有庭院。

3. 唐家弄慎馀里街区

如图2-17所示，老闸北地区的天潼路一带以前称为唐家弄。从山西北路至浙江北路的这一段天潼路是最早称为唐家弄的，它以唐姓商人首建里

---

① 摘自《上海市行号路图录》。

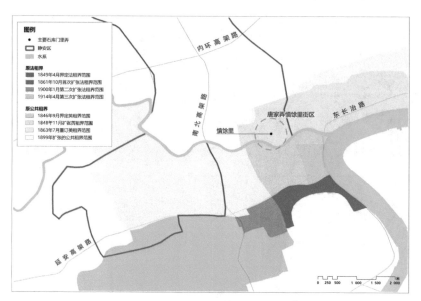

图2-17　唐家弄慎馀里街区区位[1]

弄得名。这一带原是农田和荒地，清康熙至同治年间，随着老闸的筑成和老闸渡、老闸桥的次第建成，此处成了上海县城通往嘉定、太仓、昆山、常熟等地的陆路要津，形成了老闸镇。太平天国期间，即1860年前后，有唐姓商人来老闸街开设石灰行，并在今天潼路799弄中段处建造了数间平房，称之为唐家弄。

　　唐家弄是老闸北苏河湾地区城市化进程中形成的最早居民点。1893年，苏河湾西藏路以东地区被正式划入公共租界，租界当局按照西方的城市格局进行道路规划并付诸实施，先后辟筑了北福建路（今福建北路）、北山西路（今山西北路）、北浙江路（今浙江北路）等道路。由于此处交通便捷且地价相对低廉，因此中外房地产商纷纷来此建房以谋取利益。根据《上海市行号路图录》和《袖珍上海里弄分区精图》，唐家弄地区分布有延吉里、慎馀里、四平里、裕安里、新康里、晋福里、仁德里、永庆坊等石库门里弄（见图2-18）。

---

① 摘自《上海市行号路图录》。

图2-18 唐家弄街区行号图[①]

　　在唐家弄众多的石库门里弄中，规模较大且建筑质量较高的当属慎馀里（见图2-19）。慎馀里始建于1923年，翻建于1931年，是这一地段最好的石库门里弄建筑群。慎馀里的总平面布局呈现出新式石库门里弄典型的行列式布局，弄内道路宽阔，呈鱼骨形的主次通道排列整齐。主弄道宽约3.8米，南北走向，7条次弄道为东西走向。慎馀里南北弄口分别位于南面的北苏州路和北面的天潼路，这两处的弄口都有过街楼。过街楼顶端为折线型，水刷石抹面，外观简洁大方，明显受到西洋建筑风格影响。过街楼檐口上方都有石头篆刻的门额，上面书写弄名"慎馀里"。里弄的第三个弄口位于次弄道西面，通向浙江北路。慎馀里内共有石库门房屋16幢，共计52个单元，为砖木二层结构。里弄内的房屋共有3种开间形式，分别为一正两厢三开间，一正一厢双开间、单开间。客堂间地面为方形拼花地砖，室内铺长条木地板。沿主弄东西两侧的房屋二层设有挑出的敞廊阳台，上装坡顶，配水泥直棂式栏杆。慎馀里早期的住户都是殷实富户，华成烟草公司老板戴耕莘、中国经济学名宿薛暮桥、沪剧表演艺术家王盘声

① 摘自《上海市行号路图录》。

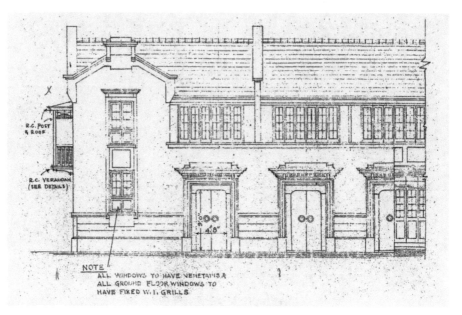

图2-19　慎馀里历史图纸[①]

等名人都曾经在慎馀里居住过。

4. 山西北路街区

在清代的地图上，北苏州路至唐家弄（今天潼路）便有一条老街，全长约为300米，在今山西北路南段（见图2-20）。今山西北路河段曾经筑过老闸，随着商业的出现，老闸的北岸形成了商业集市，故称老街。山西北路的路名源于英美租界的山西路。老街之名因为桥梁使得南北道路贯通而被向北延伸的山西路所取代。1943年租界收回之后，北山西路更名为山西北路。

上海开埠后，吴淞江内河航运逐渐繁忙，老闸桥沿岸成为船舶停靠、货物装卸之地。1860年英商在山西北路以东建造了大批石库门建筑，人口数量开始迅速增加。19世纪末至辛亥革命前后，富商达官和外侨商人不断在山西北路置地建房，在山西北路西侧建造了大批石库门里弄，包括泰来里、春安里、福寿里、福荫里、康乐里、均益里等。山西北路街区行号图及山西北路街区鸟瞰图如图2-21、图2-22所示。

---

① 图片来源：上海市城市建设档案馆。

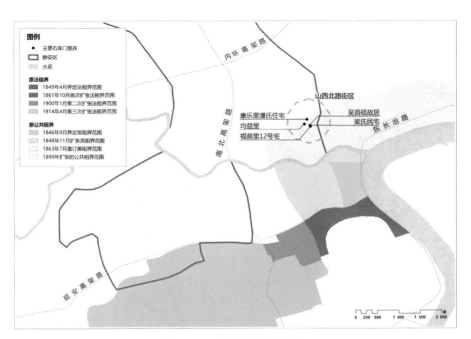

图2-20　山西北路街区区位

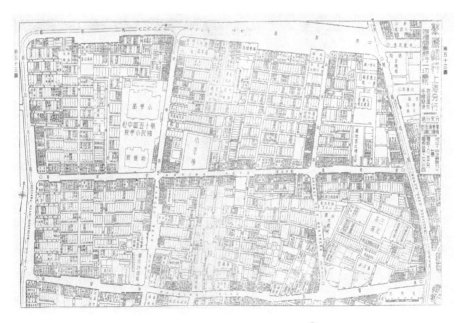

图2-21　山西北路街区行号图[①]

---

① 摘自《上海市行号路图录》。

图2-22　山西北路街区鸟瞰图

　　山西北路西侧的地区是最典型的老式石库门分布地区，如梁氏民宅、吉庆里、福荫里、康乐里。梁氏民宅位于山西北路457弄61号，始建于1898年，是一幢砖木结构的二层老式石库门。单元平面布局中轴对称严谨，遵循着"院门—天井—客堂间及左右两厢房—后天井"的布局，无附房及亭子间。一层和二层均布置有朝南居中的大厅、分布在大厅东西两侧的寝室以及走廊北部的其他用房，上下层布局基本对位。二楼前楼向外整面挑出水泥走廊，配立宝瓶式水泥栏杆。整座宅子高墙深院，较后期布局紧凑的新式石库门更为宽敞。位于山西北路551弄的康乐里也是老式石库门的代表。康乐里551弄（二衖）中仅有两座院落，2号及4号，都为一正两厢的复合三合院式石库门建筑，其中的4号宅为近代重要买办及律师潘世根的住所。主体建筑为二层的砖木结构。客堂间面向天井一侧开落地长窗，铺彩色马赛克地砖。二层外挑出整面的水泥阳台，配铁质镂空栏杆。

这些老式石库门的内部装饰普遍精美讲究，较后期的新式石库门，有更为丰富的中国传统元素。在梁氏民宅内部的客堂间装饰有雕刻精美的中国传统样式的挂落，用于软分隔一层客堂间与其后的内廊。康乐里 4 号内部更是无处不雕，梁、柱、窗、栅等房屋所见之处都雕刻了中国传统的图案，包括竹子、圆镜、海棠等。

在山西北路两旁，不仅建有石库门里弄建筑，还有其他一大批风格各异的建筑，几乎汇集了 19 世纪末至 20 世纪初旧上海各种类型的民居建筑。山西北路 542 弄 1 ～ 7 号是欧式二层联列式花园别墅，与现在的联排式别墅大致相同。原来每户门前具有一个小花园，屋内的卫生、自来水设备齐全。在旧上海，这些房屋大部分作为企业办公楼或者产品销售的办事处。位于山西北路 470 号的山西电影院是一座俄罗斯风格的西苑建筑，1930 年由季固周建造。戏台中央的藻井有马赛克图案，用于音色调节和出风，这也是上海现今保存极少的俄罗斯风格的建筑之一。

2.2　静安区石库门历史发展特征分析

2.2.1　老静安区

老静安区内石库门建设，一方面呈现出自东向西扩张的特点，这与租界当局由东向西越界筑路以及由东向西逐渐扩张是大致同步的；另一方面，区域内的石库门建造质量呈现出南部优于北部，西南部优于东南部的特点，这主要是由区域复杂的地理和历史因素造成的。

1. 越界筑路的深刻影响

老静安区城市扩张和建设发展与公共租界自东向西的越界筑路活动密不可分，相应地，区域内早期石库门住宅的建设（20 世纪 10 年代前）一方面沿着这些道路分布，另一方面也呈现出自东向西推进的特点。区域内第一次越界筑路发生在 1862—1900 年。自 1862 年太平军第三次攻打上海，英当局决定协助清政府镇压太平军，于当年修筑了 7 条军路，其中静安寺路（今南京西路）、新闸路、麦根路（包括今石门二路、康定东路、泰兴路、西苏州路、淮安路5段）、极司非尔路（今万航渡路）和徐家汇路（今华山路）5条军路通过本区域内，是近代静安区筑路的开始。1900年公共租界又修筑了戈登路（今江宁路）。这6条道路构成了老静安区在这一阶段城市空间发展和石库门里弄住宅建设的骨架。

石库门里弄建设和越界筑路活动密不可分。区内早期石库门里弄住宅的开发，都是在越界筑路的道路沿线上进行的。在当时，虽然越界筑路是租界当局在界外修筑道路，但是租界当局对于道路及两侧区域拥有一定的税收和管理权，因此越界筑路区域事实上是租界当局拥有一定行政管辖权的，附属于租界的"准租界"区域。在越界筑路的同时，租界当局在道路两侧不断租地建屋，征收地税、房捐以扩大其收入，再加上越界筑路地区人口的快速增长，这些都为房地产业提供了一个沿道路修建房屋而盈利的便利环境。据工部局华文处于1931年译述的《费唐法官研究上海公共租界情势报告书·第一卷》记载："界外马路上住宅之发展情形，可由户口册说明。1870年之户口册表示，界外马路共有外侨52人，至1880年增至164人，1895年441人，1900年80人，因租界于1899年推广，当初所有大部分之界外马路，加入租界内。1905年505人，此数超过1895年之外侨总数。1910年1 260人，1930年9 506人，除外人居住之房屋外，界外尚有华人居住之房屋。"随着各种资金不断在此聚集，这些道路沿线成为境内早期石库门兴起的最初地段。

从19世纪80年代起，老式石库门住宅在区域内从东向西陆续兴建，其最早发端于区域内东部与黄浦区毗邻的新闸路、成都北路、白克路（今凤阳路）、卡德路（今石门二路）一带。这些老式石库门里弄基本分布在今天的"武定路""张家宅""威海路"等3个街道内，如顺德里、森德里、同善里、老修德里等，都建于1900年以前。如老修德里（凤阳路541弄14号）即为老式石库门里弄住宅。这一区域也是20世纪初区域内最大的一片城市建成区。

2. 石库门里弄质量南优北劣

从石库门的建造质量来看，老静安区域内的石库门质量南部优于北部，西南部优于东南部。区域所处的历史环境对形成这样一种建筑格局有很大影响。由于租界的由东向西逐步越界筑路和扩张，使得本区域成为从黄浦区的旧式里弄向徐汇区的花园住宅、公寓房演变的过渡地带。同时，20世纪30年代发生的日寇入侵，使得大批流民逃入区域北部的苏州河以南地区。微弱的经济能力使得他们只能居住在条件简陋的石库门中。此外，本区域从南向北又是原法租界、公共租界向老闸北地区的过渡。北部又因为濒临苏州河，是大宗货物运输的通道，聚集了较多的工厂区域，因此这一地区成为棚户、简屋和工厂、仓库犬牙交错的集中之地。这些因素都造成了南部的地价高于北部，因此便形成了石库门居住建筑在历史上呈现出的南优北劣的分布特征。

2.2.2　老闸北区

1. 市政道路的修建对里弄住宅建设的影响

上海城市建设的近代化肇始于路政近代化，而路政近代化又直接影响里弄的拓展。表2-2为近代上海里弄分布情况（数字单位是里弄民宅地段，面积不等。因此，这里的统计仅提供一个大概情况）。在租界地区，工部局和公董局的成立使道路建设纳入租界统一规划中，原静安区的里弄发展和分布便是遵循这一规律。伴随路政管理的不断完善，里弄房地产建设也及时跟进，外商掌握道路建设的方向，他们以低价购地，然后造房出租，原静安区的里弄便随着这种外资投资区位的倾向由外滩向西扩散。

表2-2　近代上海里弄分布[①]

年份	公共租界				法租界			华界				合计
	英租界	新界	美租界	小计	法租界	新界	小计	城内	城外	闸北	小计	
1911	253	147	317	717	155	0	155	70	137	39	246	1 118
1926	400	424	719	1 543	393	195	588	290	301	721	1 312	3 443

---

① 丁日初.上海近代经济史[M].上海：上海人民出版社，1997：431.

在闸北的华界地区，道路建设对里弄住宅发展的影响主要体现在建设速度上，即快速修建的市政道路使得里弄住宅呈现出快速城市化的特征。闸北华界的市政道路建设虽没有租界地区发展得早，但在辛亥革命后，从1912年至1927年，在闸北工程总局的管理下，近代闸北华界地区的公路交通网络仅用了15年便基本形成。闸北在1911年时，已开筑的马路有5条，即新大桥路、新闸桥路、总局路、南川虹路、海昌路。但在1912—1927年间，闸北新辟筑的马路有70余条，是南市的一倍多。在道路快速发展的刺激下，闸北华界的里弄数量增长了19倍。而同时，这一时期整个上海的里弄数量增加了2倍，南市则增长了3倍。以闸北的中兴路街道为例，这一地区在清末始有自然村落出现，之后随着沪太路、中兴路、孔家木桥路以及南川虹路等城市道路的修建，区域内的土地开发进一步加强。但这一区域内的石库门里弄建设直至20世纪20年代中期，由于辟筑了光复路等10余条道路，呈现出明显的增长。在这一时期，区域内兴建了安详里等百余条里弄，形成了规模较大的居民区，整个地区因此最终演化为城市建成区。总体来说，经过30年的道路市政建设，闸北已经是上海城市化程度较高的地区。石库门旧式里弄广泛分布于宝山路、西宝兴路、公兴路、蒙古路、恒丰路和汉中路附近。1927年闸北里弄分布情况如表2-3所示。

表2-3 1927年闸北里弄分布情况 [①]

地　域	里 弄 名 称
宝山路北西宝兴路西	三德里、鸿兴坊、鼎元里、交通里、光裕里、三益里、三元里
蒙古路两侧	公益里、永兴里、承庆里、鸿兴里、天正里、乐安里
大统路两侧	永安里、天吉里、安详里、崇义里、鸿吉里、永祥里
恒丰路两侧	北新余里、仁记里、长乐里、兰亭里、敬业里、镇安里
公兴路两侧	义品里、德容里、宝山里、宝兴里
汉中路口	维新里

① 苏子良.上海城区史[M].上海：学林出版社，2011：882.

2. 工商业对里弄住宅建设的影响

闸北在1932年"一·二八"战争爆发前,是上海"华界工厂发源之大本营"和沪北商业中心。在工商业发展的影响下,闸北的石库门里弄住宅建设也受到了较大影响,尤其是在区域华界南部,具体表现在石库门里弄住宅和工厂穿插分布,有一部分里弄是作为工厂职工宿舍而修建的,居住群体以工人阶层居多。

1908年由于沪宁铁路的通车和北站的修建,闸北华界南部成为重要的交通枢纽,再加上地价较为低廉,因此闸北成为正在兴起的小型民族企业的首选之地。如图2-23、图2-24所示,20世纪20—30年代期间闸北曾有大量工厂。1912年闸北建市,民族工业进一步发展,至1927年闸北工厂骤增至205家。1930年左右,闸北工业区达到了鼎盛时期,成为上海的重要工业区之一,仅次于沪东、沪西工业区。到1932年"一·二八"战争前夕,工厂数至少达到了841家。由于深受铁路交通的影响,闸北华界地区的工厂大致集中于新闸桥附近和北站、宝山路区域。工商业集中的区域不可避免地会吸引更多的人群聚集,并进而促进区域内的住宅开发。同时需要注意的是,闸北的工厂虽多,但大厂数量不多,为数众多的是中小厂

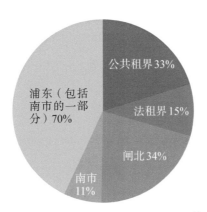

图2-23　1936年上海各区工厂数量[①]

---

① 上海市通志馆年鉴委员会.上海市年鉴[M].北京:中华书局,1936:271.

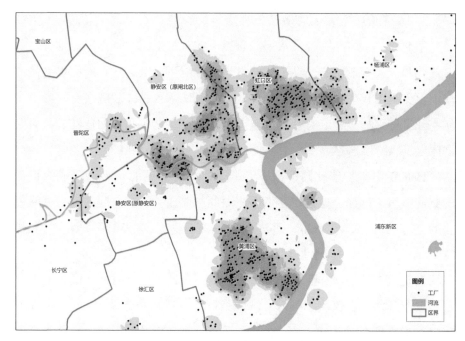

图2-24　1928年上海工厂分布热力图

家，资金有限，并且以轻工业为主，因此存在大量的"里弄工厂"这一生产形式，这也更加突出了当时闸北里弄住宅和工厂相互交织、互相影响的特点。以宝昌路和宝山路沿线的街区为例，当时的德记汽油灯厂和佐成木号分布在宝山里中，聚万森柴炭店和诚荣记营造厂则分布在瑞和坊中。将当时的闸北工厂分布图和里弄分布图叠加，可以看出，成片的里弄住宅也集中于新闸桥和北站、宝山路区域，比如宝山里、光复里、宝顺里、永和里等。

　　在工商业的影响和带动下，闸北石库门里弄住宅中的居住群体也呈现出以工人为主的特征。1932年，闸北的工人数量接近6万名，占闸北总人口的五分之一，工人成为居民的主体。这与闸北作为上海北部主要工业区和商业中心的地域特点相吻合。商务职工居住在商务印书馆建造的东宝兴里和西宝兴里的里弄中，此为石库门砖木结构的2层楼房，约200幢，80%的居民是商务印书馆职工。

第**3**章
静安区里弄
现状介绍

3.1 上海市里弄总体现状

　　根据张晨杰的研究，如今，在上海中心城区范围内[①]，各式里弄，包括石库门里弄、广式里弄、新式里弄、花园里弄和公寓里弄，共计1 600余处，约4.5万个居住单元。从分布区域上看，如今上海的里弄在空间上呈现出一定的集聚性，主要集中在以下区域：老城厢外北部以及西南部、厦门路苏州河一带、衡山路复兴中路一带、长乐路常熟路一带、淮海中路思南路一带、南京西路茂名北路一带、愚园路武夷路一带、山阴路多伦路一带以及提篮桥地区。其中，老城厢之中、衡山路复兴中路风貌区以及南京西路茂名北路一带分布较为均匀，其他地区则呈现出零星分布的状态。静安区如今现存的里弄大多建于1920—1930年间，这与上海当时的历史背景和城市建设密切相关。在这一时期，上海的城市发展完成了原法租界以及原公共租界新扩区域的基本建造：苏州河南岸已经基本完成建设，苏州河以北地区也初步形成开发框架，同时在南北高架路以西地区的建设也初步扩展开来。在这一时期内，上海的近代里弄建设达到了历史高潮。

---

① 南至斜土路，北至苏州河、天目中路、大连西路、周家嘴路；东至黄浦江、西至凯旋路。包括了原上海县城和租界范围。

就石库门里弄的现状来说，其在区域各处均有分布，尤其是在苏州河以南地区的南北高架以东至黄浦江地区。这种广泛分布的特征与当时城市高密度的居住环境、较低的造价以及更为广泛的接受群体相关。石库门里弄的分布还呈现出从东向西逐渐递减的特征，在越界筑路后期扩张的城市区域中，较少有石库门里弄分布。现存的新式里弄则主要分布在原法租界最后扩张区域（现徐汇区范围内）以及原公共租界区域（现静安区范围内），这两个区域集中了上海八成以上的新式里弄住宅。在原公共租界以北，即如今的老闸北地区以及南部的南市地区则鲜有分布。现存的新式里弄建筑形式大致可以分为两类，其一，建筑造型和装饰特征与后期的新式石库门相比并无太大变化，仅仅是取消了前天井，代之以开敞的庭院空间，同时增加了卫生和取暖设备；其二，建筑的造型及装饰特征明显偏向西化，更加重视艺术的表达。现如今徐汇衡山路区域的新式里弄大多可归入此类。花园里弄因其环境更好，设备更完善，价格也更加昂贵，因此并没有形成非常广泛的接受族群和空间分布。现主要集中在后期城市拓展区的"优美郊区"范围，如现今的长宁区和徐汇区的部分区域。

3.2　静安区石库门总体现状

上海石库门里弄的现状远非只是空间上不同地区的分布和建筑类型学上的新老石库门之别。石库门里弄作为中国最早的房地产开发产品，其在不同地段表现出不同的里弄形态、建筑本体设计和居住人群，体现了近代上海城市的发展特征和轨迹以及各个区域独特的历史社会环境。由于静安区内包含1949年以前的华界、公共租界及法租界，也使静安区的石库门里弄具有较丰富的实例，同时也因区域和社会环境的不同，体现出不同的特色（见图3-1至图3-4）。

静安区作为横跨苏州河南北的地区，其石库门里弄在苏州河以南和以北区域有着明显的区别。苏州河以南地区作为更加接近早期繁荣的公共中心的区域，更注重建筑的质量、居住的环境，因此分布有较多的高质量石

图3-1 原华界内石
库门里弄
（会文堂印书
局旧址）

图3-2 苏州河以南原
公共租界内石
库门里弄（张
家花园）

图3-3　苏州河以北原公共租界内石库门里弄（福荫里）

图3-4　原法租界内石库门里弄（四明邨）

库门里弄，如张家花园、念吾新村、四明邨等。而在苏州河以北地区，包括原闸北地区的华界和公共租界区域，石库门的质量则相对较低。其中，在苏州河北部沿岸地区，包括天潼路、唐家弄等地区，由于接近苏州河这一工业经济命脉，因此石库门里弄的建筑更加注重实用性，对于居住环境的要求相对于公共租界中心地区也较低。而在苏州河更北部的闸北华界地区，其石库门里弄建筑主要是在20世纪二三十年代闸北华界快速城市化过程中被大规模、短时间建造起来的，因此其建筑形式主要表现为单开间、两侧、砖木结构，极为紧凑的布局，狭窄的巷弄，朴素的外立面。相邻的几处里弄往往采用相似的简单装饰图案或建筑风格，如现在的宝山路地区石库门里弄。这与该地区集中居住的低收入华人需要大量高密度的住宅相关。

同时，静安南部法租界及公共租界的城市中心区域，在建筑的本体设计上存在更多的形式和变化，这也与当地区域繁荣、居住环境较优、居住人群收入相对较高有关，如张家花园、四明邨等石库门里弄，内部存在较多的建筑样式，除传统的石库门里弄建筑外，也有新式里弄建筑以及花园洋房等，以适应不同类型的居住需求。而沿苏州河两岸属于上海早期的工业聚集区，石库门里弄更多需要适应周边职工的生活需求，在建筑本体的设计上更加趋向于单一和实用性，如斯文里、康定路区域的石库门里弄、文会堂等，石库门里弄内的建筑形式多较为单一。图3-5、图3-6所示为东斯文里、张家花园的肌理对比。

据统计，静安区内现有各级文物保护单位及优秀历史建筑总计404处，其中石库门里弄建筑共计33处，外加1处石库门里弄住宅风貌街坊（太平坊）。详细名单及地址如表3-1所示，这些石库门里弄的具体信息收录于本书下篇。

3.3　典型石库门介绍

不同类型的石库门分布情况如图3-7所示。

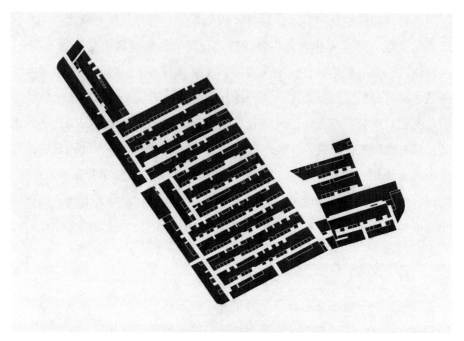

图3-5　东斯文里肌理图

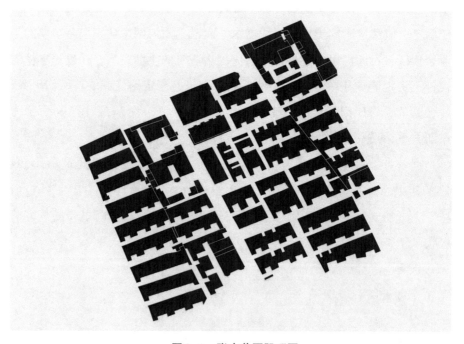

图3-6　张家花园肌理图

表3-1　静安区被列为保护名单的石库门里弄

序号	名　称	现 地 址	石库门类型	所在区域
1	念吾新村	延安中路470弄	新式石库门	公共租界
2	多福里	延安中路504弄	新式石库门	公共租界
3	汾阳坊	延安中路540弄	新式石库门	公共租界
4	四明邨	延安中路913弄	新式石库门	法租界
5	震兴里	茂名北路200～220弄	新式石库门	公共租界
6	荣康里	茂名北路230～250弄	新式石库门	公共租界
7	德庆里	茂名北路264～328号	新式石库门	公共租界
8	慎馀里	天潼路847弄	新式石库门	公共租界（苏北）
9	梁氏民宅	山西北路457弄61号	老式石库门	公共租界（苏北）
10	中共中央阅文处旧址	江宁路673弄10号	新式石库门	公共租界
11	中国共产党第二次全国代表大会旧址	老成都北路辅德里（7弄）20～34号	新式石库门	公共租界
12	1920年毛泽东寓所旧址	安义路63号	新式石库门	公共租界
13	"五卅"运动初期的上海总工会遗址	宝山路403弄宝山里2号	新式石库门	华界
14	中国劳动组合书记部旧址	成都北路893弄7号	新式石库门	公共租界
15	平民女校旧址	老成都北路辅德里（7弄）36～44号	新式石库门	公共租界
16	上海茂名路毛主席旧居	茂名北路120弄7号	老式石库门	公共租界
17	中共淞浦特委办公地点旧址	山海关路339号	新式石库门	公共租界

（续表）

序号	名　　称	现　地　址	石库门类型	所在区域
18	吴昌硕故居	山西北路457弄12号	老式石库门	公共租界（苏北）
19	彭湃烈士在沪革命活动地点	新闸路613弄12号	新式石库门	公共租界
20	八路军驻沪办事处（兼新四军驻沪办事处）旧址	延安中路504弄21号	新式石库门	公共租界
21	会文堂印书局旧址	会文路125弄6号	新式石库门	华界
22	大田路334弄17号住宅（山海里）	大田路334弄17号	新式石库门	公共租界
23	大田路334弄3号住宅（山海里）	大田路334弄3号	新式石库门	公共租界
24	大田路334弄5号住宅（山海里）	大田路334弄5号	新式石库门	公共租界
25	山海关路274弄11号住宅（安顺里，田汉旧居）	山海关路274弄11号	新式石库门	公共租界
26	山海关路282号住宅（安顺里，三开间石库门）	山海关路282号（现万福昌红木家私馆经营二手红木家具店）	新式石库门	公共租界
27	福荫里12号宅	山西北路469弄12号	老式石库门	公共租界（苏北）
28	康乐里潘氏住宅	山西北路551弄4号	老式石库门	公共租界（苏北）
29	中共中央政治局联络点遗址	石门一路336弄9号	不详	公共租界
30	均益里（部分被拆）	天目东路85弄，安庆路366弄	新式石库门	公共租界（苏北）
31	张家花园	威海路590弄（除已公布为上海市第五批优秀历史建筑的威海路590弄41号、77号、89号外）	新式石库门	公共租界

（续表）

序号	名　称	现　地　址	石库门类型	所在区域
32	东斯文里	新闸路568弄、620弄、大田路464弄、492弄、546弄	新式石库门	公共租界
33	西斯文里遗址	新闸路632～712号	新式石库门	公共租界
34	四安里（已拆）	裕通路85弄	新式石库门	华界
35	太平坊（待确认）	康定路1353弄1～25号	新式石库门	华界（公共租界西）

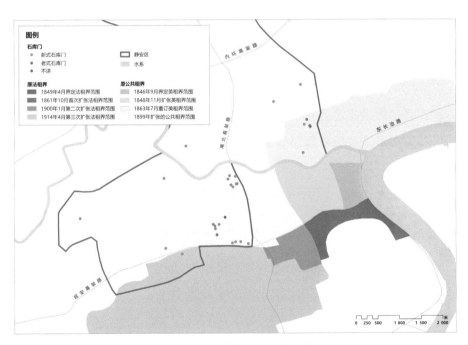

图3-7　不同类型石库门分布图

3.3.1　老式石库门

如今静安区内的老式石库门现存数量并不多，苏州河南部的中心区域由于城市建设的快速发展，大量老旧石库门里弄已被拆除。在山西北路区域内，如今还保存有不多的几处老式石库门里弄，包括福荫里、康乐里、吉庆里、梁氏民宅等。

1. 福荫里

位于山西北路469弄的福荫里，取自"备致嘉祥，总集福荫"的对联，寓意吉祥。里弄建造于1912年，内有单开间住宅2户（6号、8号）、一正一厢住宅2户（4号、10号）、一正两厢住宅1户（12号）。福荫里原系陈姓老板所建，4～10号各栋作为职员家眷宿舍，12号为陈氏私宅。图3-8为福荫里历史图纸。

福荫里12号宅为一正两厢的老式石库门，天井处以大型青条石铺地，建筑的平面形制依旧延续江南传统民居中轴对称的三合院格局，一层遵循着"大门—天井—客堂间及东西两厢房—楼梯间—后天井"的布局，无附房及亭子间。因该房屋地界的北侧略微向东倾斜，因此东侧后厢房与后部小天井的平面布局略不规整，呈现出三角形的空间布局。在楼梯间的设置上，客堂间正后部设有通往二楼的木质主楼梯，楼梯踏面宽度达到了1.2米。栏杆栏板做瓶式镂空雕刻，刷深色混水漆，扶手立柱上雕刻有中国传统的花卉图案，古朴又富有意趣。整座建筑的屋架仍为传统的木屋架，采用双坡屋顶，其上覆盖小青瓦。

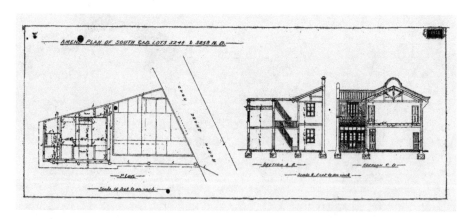

图3-8　福荫里历史图纸①

---

① 图片来源：上海市城市建设档案馆。

建筑装饰方面，客堂间面向天井的一侧设传统的落地长窗，配以彩色玻璃，同时客堂间地面以拼花地砖装饰，色彩丰富。外墙为青砖墙面，建筑腰部饰以突出的红砖线条。大门为传统木质门扇，套花岗岩门框。门头分院内、院外两个，院外大门整体为传统的垂花门样式，下垂的柱头部位以花瓣形砖雕支撑。门头上部墙面装饰有观音兜式图案。红砖雕刻的方形门头内刻有繁复的西式花纹，正中为一块青砖中式方形字匾，刻有著名书法家高邕所书的"备致嘉祥"四字。字匾右上方直书"壬子仲冬之吉"，左边直书"高邕书"，并盖有一方"高邕"的印章，如图3-9所示。

图3-9　福荫里12号宅门头

2. 梁氏民宅

位于山西北路457弄61号的梁氏民宅是一幢建于1898年的砖木混合二层老式石库门建筑，如图3-10所示。房屋占地面积为223.59平方米，总建筑面积为444.28平方米。梁氏民宅作为早期的老式石库门，其单元平面布局中轴对称严谨，遵循着"院门—天井—客堂间及左右两厢房—后天井"的布局，无附房及亭子间。一层和二层均布置有朝南居中的大厅、分布在

图 3-10 梁氏民宅鸟瞰

大厅东西两侧的寝室以及走廊北部的其他用房，上下层布局基本对位。整座宅子高墙深院，较后期布局紧凑的新式石库门更为宽敞。梁氏民宅的仪门及建筑主体现状如图 3-11、图 3-12 所示。

建筑的前廊地面铺马赛克地砖（见图 3-13），一层客堂间铺褐色系几何形分隔花砖。客堂间朝向天井一侧设有整排的落地长窗，其上饰有彩色玻璃（见图 3-14）。二楼前楼向外整面挑出 1.5 米宽的水泥走廊，配立宝瓶式水泥栏杆。同时，走廊西端挑出一座亭阁式的六角形看台，样式精美。二楼后天井上部设有水泥楼梯通往后部晒台。晒台以水泥浇筑，四周以水刷石做栏杆。屋面为传统的双坡屋顶，并铺小青瓦屋面。山墙为高大的巴

图3-11　梁氏民宅仪门

图3-12　梁氏民宅建筑主体现状

图3-13　梁氏民宅内部铺地

图3-14　梁氏民宅一楼装有彩色玻璃的长窗

洛克式观音兜式，配有圆形花瓣状的装饰图案，其中镶嵌有彩色玻璃。

建筑装饰方面，外墙为青砖清水墙，配以丰富的红砖线条。门头分院内院外两个门头，整体以红砖砌筑。外门头上方罩观音兜，垂花门样式，朝向院内的门头设有门罩，上覆小青瓦。内外门头都刻有繁复的西式花纹，当中雕刻有中式字匾。一楼客堂间有西式的白色天花吊顶。室内还装饰有雕刻精美的中国传统样式的挂落，做成勾片样式，中嵌木雕，每个挂落的两下角原均有垂花柱。楼上楼下的四间寝室内各有一个大型西式壁炉，保存完好，木质壁炉套上雕刻精美。

3.3.2 新式石库门

紫阳里和福康里都属于静安区质量较高、建造精良的新式石库门里弄。虽然这两处里弄在后期城市发展过程中被拆除，但它们的历史、建筑和社会价值依旧值得去回望。多福里作为新式石库门建筑代表，保存完好、社区建设完整、居住环境适宜，是近百年来上海人生活的空间，是上海居住街坊和城市的代表性元素。

1. 紫阳里

紫阳里位于武定路190弄，建于1927年，占地面积为5 620平方米，建筑面积为7 303平方米，共有石库门房屋36幢（见图3-15）。里弄总体布局呈"T"字形，由1条东西向的主弄和7条南北向的支弄组成。面向主弄的10幢朝南房屋构成一排，均为两层三开间，每幢占地面积202平方米，建筑面积为342平方米，外加前天井14平方米，后天井5平方米。东西两端的房屋面积略有不同，分别为336平方米和346平方米，前后天井面积不变。东西向的石库门房屋共有7排，每排3个单元，都为双开间两层，建筑面积174平方米，外加前天井14平方米，后天井6平方米。

紫阳里为砖木两层结构，砖墙承重。该里弄房屋的承重墙与外围墙为15英寸[①]墙，内部分户墙为10英寸墙，是砖木结构中的最高等级。紫阳里

---

① 1英寸 = 2.54厘米。

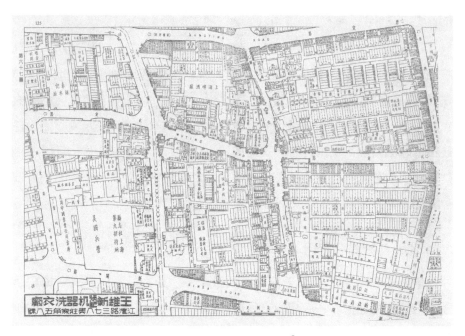

图3-15　紫阳里行号图[①]

为典型的新式石库门里弄，屋面为红色机平瓦，外墙是青砖加红砖镶嵌线条。紫阳里属于样式精美、内部空间舒适的高质量石库门里弄，其在当时的租赁对象主要是中产阶级和其他中高收入阶层。

2. 福康里

福康里位于新闸路906弄（900～918号），占地面积为8 520平方米，建有两层石库门55幢，建筑面积为9 659平方米（见图3-16）。福康里的建造分两批进行，1917年建设了28幢，余下的27幢于1934年建成。

福康里是较为典型的后期新式石库门里弄。里弄总体布局为两条南北向的主弄，东侧主弄宽3.5米，西侧宽约7米。支弄为东西向，共有7条，宽约3米。在12个支弄的上方均建有拱券，形成了独特的景观。福康里内双开间的石库门房屋建筑面积为166平方米，外加17平方米的前天井和7平方米的后天井。里弄西侧的房屋面积较大，双开间面积大致为200平方

---

① 摘自《上海市行号路图录》。

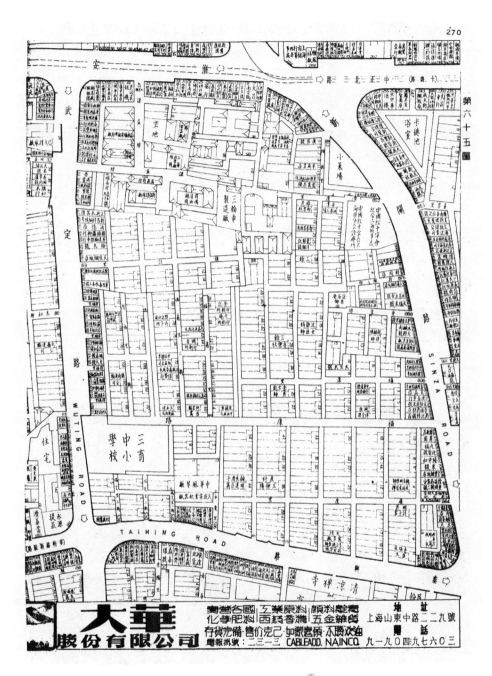

图3-16 福康里行号图[①]

① 摘自《上海市行号路图录》。

米，三开间则为320平方米，在当时属于空间十分宽敞的石库门房屋。

在建筑结构上，福康里为砖木结构，砖墙承重。在灶披屋和亭子间屋顶上采用混凝土浇筑，客堂间采用花砖铺地，屋顶为红色机平瓦，外墙面为清水青砖镶嵌红砖腰线。福康里在20世纪末的旧区改造中虽然被拆除，但是新建小区在建设过程中保留了"拱券"的元素，作为历史的一部分。

3. 多福里

多福里位于延安中路504弄，房屋均为砖混结构，建成于1930年（见图3-17）。1999年，多福里与汾阳坊、念吾新村一同被公布为上海市优秀历史建筑。多福里现存东西两列共4排石库门建筑，坐北朝南。作为典型的新式石库门里弄，多福里的总体布局有了明显的总弄和支弄区别，按鱼骨形排列。

多福里内的石库门建筑形制都为一正一厢的双开间。在天井部位，多福里内的石库门单元之间筑起了高约4米的围墙，保证了住宅的私密性。前客堂间宽约4米，深约4.8米，装有落地长窗，有需要时可以拆卸，以打

图3-17　多福里鸟瞰

通天井和客堂间空间。面向天井的一二层之间部位采用简单长方形的几何装饰。早期在进深较大的厢房中常做飞罩和挂落，起到隔断空间的作用，多福里的厢房则趋于简洁，少用装饰。晒台设于亭子间上，采用钢筋混凝土结构。在正屋与附屋的联接方式上，多福里的正屋与附屋之间拉开了1.5米的间隔，形成横向的后天井，附屋部分的亭子间及晒台的上下通过在后天井搭设混凝土楼梯与正屋部分的木质楼梯相联。

外墙面用材方面，上部墙面为青砖，下部墙面为红砖，外部统一饰以红色抹灰层，并以白色砂浆勾缝。多福里住宅的门头部位并未进行复杂的装饰，而是受到西方建筑风格的影响，采用简单的方形和X形进行装饰；门框做多重线脚，材料采用水磨石；门扇双门对开，采用5厘米厚的实木制作，门面涂以黑色油漆，门上有铜制或铁制门环一对。山墙面饰以红色抹灰和白色勾缝，上部山花采用三角形、长方形、半圆形、弧形凹凸花纹和多重线脚进行装饰（见图3-18）。

图3-18　多福里山墙

第 **4** 章
静安区石库门里弄
保护更新探讨

4.1　石库门里弄的价值

从19世纪70年代首次出现到如今，石库门里弄经历了上海城市发展的三大阶段：蓬勃的早期现代大都市、激荡中的社会主义大都市以及如今爆炸式发展的全球化城市。它是上海城市文化记忆和历史风貌的重要组成部分，因此将之作为一项重要的城市文化遗产已是普遍的共识。石库门里弄是《瓦莱塔宣言》中所指的"历史性街区"的重要组成部分，其空间结构完整地表现了上海城市的社会和文化身份沿革。石库门里弄的空间和社会价值，包括街区内部空间的多功能性（包含了居住、商业等空间）、人性化的尺度以及丰富的建筑形式，都与广大市民的日常生活紧密相关。在上海的城市更新和发展中，对石库门里弄的历史特征进行保留，并在此基础上提高建成环境品质，将为上海提供更加多元化的城市建成空间和历史风貌类型。

4.2　石库门里弄建筑更新模式

旧式里弄目前是除了棚户区外，上海城市旧改拆除的主要对象，包括石库门里弄和广式里弄等。根据官方的统计，截至2000年底，上海中心城区尚有旧式里弄1 411.99万平方米，这其中绝大部分是石库门里弄。但是截至2016年底，上海中心城区内包含石库门里弄和广式里弄在内的旧式里弄仅余700万平方米，在这16年间，有近一半的石库门里弄已经消失。

近20年以来，在旧区改造中，作为上海文化象征之一的石库门里弄，其存废正越来越受到社会的关注。20世纪80年代，在旧区改造的大背景下，保护石库门的呼声就已经出现。在近5年，静安区的慎馀里、安庆路街区、安康苑等一系列已被拆除的石库门里弄名单背后，是更多知名或不知名的石库门里弄街坊废墟，它们短暂地存在于这座过去20年发展最快的全球城市的中心区域。由于在旧区改造过程中对于石库门里弄改造方式和制度缺少具体规定，因此，除了少数具有保护身份的里弄外，绝大部分石库门里弄都有可能成为拆除的目标。作为上海城市文化和文脉价值的重要体现，对这些石库门未来的命运的讨论也从未停止过。

4.2.1　石库门里弄改造更新理念的演进

上海石库门里弄自其建造以来，伴随着城市的发展而不断地被改造更新。而其改造更新的理念，也具有相当的时代特征。

20世纪30年代之前是石库门建筑蓬勃发展时期。在石库门里弄的领域不断扩大的同时，房地产商针对既存的石库门里弄进行有组织的翻建改造，目的是为了获取更大的商业利益。

自20世纪30年代开始，囿于当时艰困的时局，这些有组织的翻建改造逐渐停止，取而代之的是石库门里弄居住者为了改善其逼仄的居住空间而进行的自发性小规模改造[①]。1949年后，政府逐步通过没收敌产、收购、经租的方式将石库门里弄转为国有，石库门里弄失去了其原本作为资产的增值功用而作为单纯的居住空间存在。1958年出台的《上海市管理私有出租房屋暂行办法》标志着上海的私房改造进程开始[②]，也意味着石库门里弄的更新改造进入由政府主导的阶段。

---

① 刘刚.上海石库门里弄的存废[J].建筑遗产，2016(04)：1–11.
② 周详，成玉宁.产权制度与土地性质改造过程中上海里弄街区城市功能再定位的思考[J].城市发展研究，2019，26(05)：63–72.

从该时期起至1990年前后，石库门里弄的改造更新主要是以改善市民居住环境为目的的小规模改建。20世纪50年代中期，上海市各区成立了区房地产公司，直接管理公房维修。其中对原闸北区房地产公司旧式里弄等逾200万平方米的公房进行一次周期性修理。20世纪60年代原闸北区成立房地产管理局和房管所，逐步建立大修、中修、便民小修三级维修体制。在1978年，上海市城市建设局、市房屋科学研究所提出针对规划保留的、房屋质量较好的不成套旧公房，在保留其原有建筑特色和结构前提下，通过调整平面和空间布局，进行成套改造，使之尽量接近新建住宅的标准。1980年起，上海市一方面开始对包括石库门里弄在内的公房进行修缮，开展主动检修（计划养护）工作，减缓房屋损坏速度。其中原闸北区的宝山路房管所成为全市房管系统首家以公房完好率承包为考核目标，由房管所统一安排公房大、中、小修计划实施的单位。另一方面上海市也结合房屋修缮项目，对石库门里弄等房屋进行改建，增加建筑面积，改善居住条件。1982年，上海市房地产管理局两次发文，利用公房现有条件，在本幢范围内通过搭、放、升、抬开展"搭搭放放"工作，扩大住房居住和使用面积①。具体项目是指搭放房间、升高屋面、增搭阁楼、新搭灶披间4项②。

进入20世纪90年代之后，上海石库门里弄的更新改造仍然以改善市民居住环境为主要目的，但改造更新模式开始逐步转变为以整体拆除为主。1991年3月，上海市委、市政府召开住宅工作会议，决定"按照疏解的原则，改造危房、棚屋、简屋，动员居民迁到新区去""旧式里弄要通过逐步疏解，改造成具有独立厨房、厕所的成套住宅，以改善居民的居住条件"。次年，上海市提出"到本世纪末完成市区365万平方米危棚简屋改造（通称'365危棚简屋'）"的目标。之后大量石库门里弄采取了"拆除重建"的方式进行改造。在20世纪90年代的10年间，全市共拆除各类旧

① 房地产业卷编纂室.上海市志·城乡建设分志·房地产业卷（1978—2010）[Z].内部资料，2017：417.
② 卢方.上海市开展"搭搭放放"工作的有关规定[J].住宅科技，1982（12）：37.

房2 789.3万平方米，其中一级旧里87.78万平方米，二级旧里1 714.5万平方米[①]。

2000年以后，石库门建筑的历史文化价值开始逐渐受到重视，石库门里弄的改造更新模式开始侧重于对石库门里弄的修缮与利用。2003年，上海市房地资源局印发《本市房屋综合整治实施意见》，针对列入保护范围的旧式里弄等进行综合整修，并拆除违章建筑。此后，相关主管部门又分别于2006年和2007年明确了包括石库门里弄在内的旧住房维护、整治制度与原则。2008年10月起，上海市通过开展"迎世博600天"行动，对石库门里弄等历史建筑进行"修旧如故""原汁原味"的保护性修缮；包括静安、闸北在内的各区建立了整治石库门里弄等旧住房的长效常态管理机制，形成了"有人查、有人管、有人修"的制度和管理网络[②]。

4.2.2　石库门里弄建筑的拆除

1. 旧区改造背景下的整体拆除

上海的旧区更新改造具有明显的阶段性特征。从1950年至20世纪80年代，由于人民政府的财力所限和现实政治需要，当时的改造主要以改善工人居住的棚户简屋为主，其主要改造形式除了少数地块尝试成片成套改造外，如对原闸北区蕃瓜弄小区、原静安区金家巷等项目的改造，多以"零星拆建"为主，改造规模小，城市旧住区总体面貌改变不大。20世纪90年代，由于"365危棚简屋"的提出，旧区改造的规模和改造力度大大增加。在石库门里弄房屋整体居住环境衰败、建筑老化的情况下，这一阶段的石库门里弄改造也主要以整体拆除重建为主，并没有考虑到对里弄历史环境和文脉的保护与尊重。

以慈厚南里北里为例（见图4-1），20世纪80年代中期的调查数据显示，慈厚南里石库门里弄共有单开间房屋203幢，建筑面积21 733平方米，居民

---

① 房地产业卷编纂室.上海市志·城乡建设分志·房地产业卷（1978—2010）[Z]. 内部资料，2017：412-416.
② 同上。

图4-1　慈厚南里北里行号图①

1 041户，居住人口约为3 340人，人均建筑面积仅有6.5平方米。慈厚北里共有石库门房屋135幢，建筑面积15 884平方米，居民1 880户，人均建筑面积8.44平方米。经过约80年的过度使用，原本木结构的房屋已经老化不堪，被列在上海市第一批旧房危房改造名单内，并于1994年被整体拆除，于原址上建成了商业中心，即现在的静安嘉里中心(见图4-2)。同样的拆除重建方式也发生在西斯文里。西斯文里共有单开间二层石库门249幢，建筑面积18 043平方米，共有居民4 680人，人均建筑面积仅有3.85平方

① 摘自《上海市行号路图录》。

图4-2　静安嘉里中心现状

米。里弄内存在大量的改加建情况，如晒台搭建，阁楼加建等。西斯文里于1991年开始动迁拆除，并在原址上重建了商业广场。

　　这一拆除重建的方式虽然解决了老旧石库门里弄房屋拥挤不堪的居住问题和建筑老化问题，但是忽视了对原有历史文化的尊重。石库门里弄的拆除不仅仅是建筑的消失，蕴藏在里弄中的传统社会生活、社会网络，以及城市历史风貌也随之不复存在了。

　　2. 尊重历史下的拆除重建

　　不同于20世纪90年代在旧区改造中对于石库门里弄历史文化的忽视，在进入2000年后，静安区的石库门里弄改造开始尝试保护石库门里弄的文化特色及内在的空间场所精神。于2001年完成的新福康里项目体现了在老城区旧里改造重建过程中，保留原有城市空间形态肌理，将新建居住区和传统里弄结合建立一种内在精神联系的理念，并尝试使历史文脉在不断发展的空间景观中保存和再现，从而努力创造具有里弄空间精神的居住场所空间。

新福康里小区南临新闸路，北至武定路，西起泰兴路，东靠石门二路，是静安区第一个整街坊旧住房成片、成套改造项目。新福康里小区所在的地块原称为福康里，是一片建于1927年的石库门里弄住宅小区，原有居民约2 600户，占地面积37 886平方米，里弄内的房屋大多无卫生设施，厨房为多户共用。新福康里项目将基地内的石库门里弄拆除，保留居住功能。新建的居住区由2幢高层住宅、16幢多层住宅及6幢联排别墅组成，总建筑面积108 936平方米，自1998年9月启动至2001年底建成。

新福康里小区的建设在各个方面都体现了对传统石库门里弄居住文化和社区人文的保护与尊重，其规划以尊重历史、注重文脉、发展创新为指导思想，以石库门里弄建筑的文化内涵为设计基础，吸取其在人文、空间、用地、造型、细部等方面的精华，去其不适宜现代生活方式的部分——拥挤破旧，没有独用厨卫间设施，难以满足汽车时代的安全便捷交通的需求，人口增长所造成的私密空间的极度贫乏，室外绿化空间的缺乏带来的生态环境的破坏等不足，从而使该小区在满足现代生活、交通以及满足城市建设对居住环境质量要求持续提高的同时，能够尽量保持原有里弄空间精髓，保留原有里弄人文特色（见图4-3）。

小区的总体规划吸取了石库门里弄明确的空间组织序列，即以总弄和支弄划分出公共空间、半私密半公共空间和私密空间。新福康里的6个区域通过3条不同性质的南北总弄将条状布置的住宅有机组织在一起，中间一条为步行总弄，东西两条为车行总弄。向北通过富有变化的弄堂空间联系着各个支弄。支弄以尽瑞形式或半封闭拱券透孔相联，形成安静的半私密的安全活动空间。从而使该小区对外相对封闭完整，对内相对开放、层次清晰、空间丰富多变。在建筑的细节处理上，通过保留传统石库门建筑的特征来增强新建居住建筑的历史文化内涵。建筑的坡顶、山墙和一些细部处理，采用了传统里弄石库门住宅建筑的符号，并不断地重复和演化，传承了上海地方住宅建筑的文脉。更为重要的一点是，新福康里实现了大部分居民的就地回迁，避免了社区结构的剧变和社会关系网络的断层。总

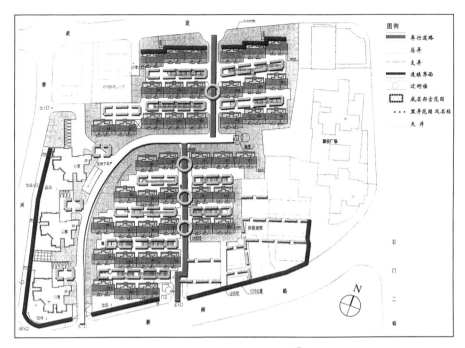

图 4-3　新福康里规划图[①]

体来说，新福康里的建成的意义在于探索了大片老城区旧里改造的可操作性，解决了上海在20世纪90年代采用粗暴拆除改造而造成的石库门里弄历史文脉破坏的问题，为老城区大面积陈旧且无保留价值的石库门里弄改造探索了一条更新的道路（见图4-4）。

4.2.3　石库门里弄建筑的保留与保护

1. 结合风貌进行保护更新

对于一些被列为保护名单中的石库门里弄，包括优秀建筑、文物保护单位和位于历史文化风貌区内的里弄，其建筑质量较好，虽然经过长期使用，但是建筑的结构性病害并不严重，同时整个里弄的格局相对完整，房屋内部平面布局和设备也基本能够满足居住要求，比如四明邨和念吾新村等。《上海市历史文化风貌区和优秀历史建筑保护条例》中对于优秀历史

---

① 周俭，张波.在城市中寻找形式的意义——上海新福康里评述[J].时代建筑，2001（02）：33-35.

图4-4　新福康里现状

建筑有较为严格的保护要求，即根据建筑的历史、科学和艺术价值以及完好程度，分为4类：建筑的立面、结构体系、平面布局和内部装饰不得改变；建筑的立面、结构体系、基本平面布局和有特色的内部装饰不得改变，其他部分允许改变；建筑的立面和结构体系不得改变，建筑内部允许改变；建筑的主要立面不得改变，其他部分允许改变。这为被列为保护名单中的石库门里弄提供了主要的法律保障。对于这类里弄，一切保护更新活动在维持原有居住功能的基础上，以不破坏石库门里弄建筑原有的风貌为原则。如今的保护措施主要以结合风貌的日常维护为主，包括外立面修缮，内部地坪整修等。

2. 结合历史文化进行再利用

石库门里弄中发生过很多重大的历史事件，例如中共二大会议的召开，也曾居住过很多重要历史人物，包括毛泽东、鲁迅、彭湃等。对于这些具有重要历史价值的石库门房屋，需要进行原样修复和保留。以安义路63号1920年毛泽东寓所为例，该建筑原属于民厚南里的范围，1920年毛泽东曾居住于此。考虑到该处石库门建筑的革命历史意义，安义路63

号1920年毛泽东寓所被上海市文物管理委员会列为上海市文物保护单位。1995年民厚南里整体拆除，而这一处石库门得以单独保留下来，并被改造为展览纪念馆。为了满足参观展览的需求，其中的65号房屋由原两开间改为单开间，结构体系也由原立帖承重结构改为砖混砌体结构，同时还在墙上做了仿立帖式的贴面处理。

这种纪念性保留的保护方式，虽然让一批具有重要历史意义的石库门建筑得以保留，比如中共二大会址、茂名路毛泽东旧居、松浦特委旧址等，但是只注重单体建筑保护，与周围环境脱离了历史联系。因此，其石库门建筑所蕴藏的原真性仍然值得商榷。

4.3　总结与反思

在几十年的里弄保护更新实践过程中，静安区乃至上海市都没有形成基于石库门里弄的、具有普适性的保护更新方式。早期的更新由于没有充分意识到里弄的价值，因此主要采取整体拆除重建的方式。后期随着对城市遗产重要性的认识不断加强，继而进行了一系列有意义的保护更新，但由于实施主体的局限和配套政策的缺乏，还没有建立完善的、具有普遍意义的更新策略。不过通过前期的不断探索，静安区确实积累了一些较为有意义的经验或教训可供借鉴。

4.3.1　根据里弄的不同价值特征采取不同的保护更新方式

对于石库门里弄建筑，虽然政策文件中没有明确将其作为一种历史建筑的类型对其进行价值分类，并制定不同的保护更新策略。但是通过对石库门里弄建筑保护的实践经验的汇总，还是形成了针对不同价值等级的里弄采取不同的保护方式的更新模式。

对于多福里、汾阳坊此类的保护建筑，重点在于对建筑本身的修缮以及内部设施的更新。由于《上海市历史文化风貌区和优秀历史建筑保护条例》的规定，石库门建筑的整体布局、外立面特征、建筑风格等均不可做大的改动。这在很大程度上保证了里弄的生存，以及上海城市历史文脉和风貌的留存。对于具有一定价值，但不足以列为保护建筑的石库门里弄，则可以在有机更新的基础上，对建筑内部的结构、布局和设施等进行改动，而建筑外立面风貌维持原样即可。这种改造方式既保证了对风貌的保护，也为建筑注入了新的现代功能和利用方式。而对于历史价值较为低的石库门里弄，则可以采取适当改动的方式，比如适当改加建等，以满足现代生活的需求。

4.3.2　不同实施主体在保护更新活动中呈现出的特征

对于石库门里弄的保护更新，不同的实施主体会对更新活动产生不同的影响，并呈现出较为显著的特征。在静安区以及整个上海的里弄更新活动中，政府作为主导的情况较多，包括建筑的修缮、设施的更新以及后续的利用等。由居民自发开展的更新活动由于政策和政治环境的原因则相对较少。

在政府作为保护更新活动主体的情况下，里弄改造的目标和措施会贯彻得较好，同时执行力也会较强，比如对基础设施的统一改造以及对居民的统一搬迁。就这一点来说，民间力量是无法达到的。但是，由于资金有限，以政府为主导的更新活动无法保证对所有的历史建筑进行有效保护。而以个体或集团作为更新活动的主体，在上海仅有田子坊项目在这方面做出了较为有力的探索。此种方式是社区和公众参与的重要实践，可以保证更新活动更加满足社区居民的需求和利益。但是，这种方式也存在缺少对里弄资源的统筹以及无法突破资金有限等方面的局限。较为理想的一种方式是不同的实施主体，包括政府、公众、商业集团等，根据其自身的特征和资源，明确其在里弄保护更新活动中不同的工作范围和职责。

第**5**章

石库门里弄未来 发展探究

5.1 石库门里弄保护存在的问题

5.1.1 房屋承租权变化导致的保护困境

2000年左右里弄房屋承租权的变化，是如今石库门里弄更新乏力困苦的重要影响因素。上海的绝大部分石库门里弄都是公有房屋，居住者是作为承租人承租该房屋居住的。随着2000年7月《上海市房屋租赁条例》的实施及《上海市城镇公有房屋管理条例》的废止，里弄公有房屋的承租权开始作为一种"永租权"存在，这潜移默化地影响了居住者的价值选择和行为模式，并对里弄的修缮和社区人文产生了重要影响。

2000年发布的现行《上海市房屋租赁条例》规定了承租人享有一系列原本作为承租人不应享有的，甚至侵犯资产权所有者一方的权利，包括如下几方面："永久性"享有房屋承租权；承租权可以变更或继承；可以将房屋进行转租且不需要经过出租方的同意、无须共享转租过程中所获的收益；可以有偿转让承租权，并当租赁关系终止或房屋收回时获得赔偿。以上这几点意味着里弄公有房屋的承租人已经获得了鉴别产权方与使用方两者的收入独享权和转让权。从某种意义上来说，承租人实际上已经获得了里弄房屋的私有产权。

房屋承租权变化导致的此种权利与义务界定的错位，直接影响了石库门里弄居民的行为模式和价值选择，进而影响了里弄的社区状况。在里弄建筑的保护维修上。政府虽然作为石库门里弄房屋的产权所有人，但实际上仅仅拥有建筑的所有权而非使用权，其所收取的微薄租金，与建筑本身的实际市场价值和维护所需的投资相差甚远，只能做一些日常的小修小补，而无法支撑政府进行大型的整修更新活动。当然，这里的讨论也并不排除政府对里弄维护专项资金的安排不足，但是，这与承租权的界定也息息相关。仅凭政府财政的一己之力应对全市范围内的里弄维护，这是难以达到的。

在上海当前关于承租权的界定中，居民作为石库门里弄房屋的承租方，实际上更加接近这些历史建筑的"主人"，并已经将里弄房屋作为自己私有财产的一部分来看待，将其出租换取收益，并等待着通过拆迁获取财富。但是问题在于，这些居民虽然认定里弄是自己的私有财产，却在涉及房屋维护和资金出处时，矛盾地认为这些房屋是属于房管所的财产，因此自己没有修缮的责任。在此种情况下可见，在同一处石库门里弄中，公有产权的房屋鲜有修缮，并持续损坏，而私有产权的房屋则由于所有者的自行修缮维护，建筑质量比大多数公有房屋要好。

承租权在权利和义务上的界定不清除了会加速里弄的衰败外，还会使得里弄内原住民大量流失，造成社会关系网络的破裂。在关于石库门里弄承租权的解释条款中，承租人转租房屋不需要征得出租人——政府的同意，即可出租房屋，且出租人不得从承租人转租收益中获取收益。同时，与租金和转让收益相同，房屋征收拆迁时的赔偿金额也都归承租人，而非出租人所有。在此种情况下，石库门里弄由于多处在便利的中心地段，同时内部空间较为局促，因此多被承租人以低廉的价格出租给外来务工人员，并对内部空间进行分隔，以寻求更好的租金收益[1]。如此一来，石库门里弄中的原住民纷纷搬迁，比例不断下降，外来人口持续涌入。虽然历史

---

① 新式里弄的出租则呈现出相反的状况，新式里弄因为更为舒适的环境，多以整层出租为主，且租金和周围其他住房相当。一些花园里弄和质量上乘的新式里弄，其租金甚至远高于其他住房，因此租赁者多为收入较高的人群或外籍人士，这些人群对于居住环境的要求较高，因此里弄建筑的维护情况较之于石库门建筑也更好。

社区在社会演变过程中，人口结构的变动是正常的，但关键问题在于，新进入的居民需要对本地社区具有同样的认同感和社区感，并且愿意承担石库门房屋的日常基本维护。但是，就如今对石库门里弄社区的调研情况来看，居住其中的外来务工人员在情感认同和房屋维护方面，并不符合该要求。因此，承租权的界定不清在很大程度上导致居民对石库门里弄社区的价值选择和认同上出现了问题，并导致了石库门里弄建筑的持续衰败。

5.1.2　保护体系不完善带来的保护空白

目前，上海针对里弄保护主要采取保护体系之内和保护体系之外这两种保护模式。对于列入保护体系之内的里弄，包括文物保护单位和优秀历史建筑，政府会定期对其进行内外部保护更新活动。而处于保护体系之外的里弄，则随时都有被拆除的可能。位于风貌保护区内的非挂牌里弄，在风貌保护区的保护伞下一定程度上避免了被拆的风险，但是，若拆除活动必须进行，这类里弄也不具备任何法律法规上的保护地位，都是可以被大规模改造或者拆除的。因此，对于上海当前的石库门里弄保护活动来说，能否被列入保护体系内是决定其命运的关键。

当前对于里弄保护地位的确定，主要是根据其历史价值和建筑价值来判定的，即该里弄（或建筑）与重要历史事件或人物的关联性，以及建筑本身的风格和艺术价值。而在其他方面的价值，如社会人文价值则考虑较少。从这种价值判定标准来看，作为旧式里弄的石库门里弄处于保护体系的劣势状态下。由于大多数石库门里弄建造年代较久，建造材料和技术受当时社会发展水平所限，因此建筑质量不高。除了有与重要历史事件和任务的关联，否则很难被列入保护体系中。就静安区如今被列入保护名单中的石库门里弄，大多数都是与重要历史时间和人物有关，如中共二大会址和茂名北路毛泽东故居，单就因建筑或者里弄本身的建筑价值而入选的，则少之更少。

但是，石库门里弄的保护价值并不能因为其在建筑质量上的劣势而被抹杀。建筑质量和设施配置都可以通过技术手段实现，但是，历史建筑和社区所蕴藏的历史信息和风貌特征在拆除之后是无法恢复的。对于上海来说，石库门里弄作为占据现存里弄数量六成多的住宅区，其所蕴藏的中西合璧的建筑特征、广泛丰富的居住人群、独具特色的里弄肌理等，都是这座城市特色风貌和独特历史的体现。

5.1.3　旧区改造过程发生的保护破坏

如今上海石库门里弄被大量拆除的现象，除了与保护体系的欠缺有关外，还与旧区改造密切相关。20世纪80年代掀起了旧区改造浪潮，在2000年左右改造的对象从简棚转向了以石库门里弄为代表的旧式里弄。同时，在90年代上海"两级政府，两级管理"的行政管理体制改革下，旧区改造的决策和行动权被下放到了区级政府。上海旧区改造的初衷是以解决旧区民生问题、改善居住条件、优化旧区环境等为目的，因此这一活动一直得到国家以及地方政府在财政和政策上的便利和优惠，包括在征地、拆迁补偿、住房建设等方面。同时，由于旧区改造与民生问题密切相关，因此也成为区县级政府工作考核的重要内容。在这种情况下，上海政府对于旧区改造有着极大的热情。

但是需要注意的是，上级政府对于里弄历史建筑修缮、风貌保护等工作，并没有出台直接的优惠政策，并且与区县级政府的业绩考核并非直接相关。后期随着上海城市地价的上升，里弄的改造以及拆除已经不再单纯是为了解决居住问题，旧式里弄优越的地理区位成为各区土地储备以及再开发的重要资源。同时，由于20世纪末城市财政的改革，以拆除旧里进行地产开发的方式成为各区财政收入的重要来源。因此，整块街坊旧里的拆除与再开发逐渐代替了里弄居住环境优化，石库门里弄改造由"保护"转变为了"拆除"。

5.2　对未来石库门里弄保护工作的建议

5.2.1　构建石库门里弄保护与更新体系

上海石库门里弄如今面临的拆除威胁，很大程度上来自城市建成环境保护体系的不完善。因此，建立专门针对石库门里弄的保护更新体系，将其作为管理和引导里弄更新建设的规范和要求，是未来保护工作重要的一部分。

保护与更新体系的主要内容是根据石库门里弄现状价值评价的，设定保护更新的等级，并进而确定相关的保护更新要素和要求。对于现存里弄的价值评估，可以从建筑单体、群体、类型以及历史人文4个方面进行评判。建筑的单体价值指里弄建筑的本身价值，评定内容包括建筑造型、装饰特征、结构用材等。里弄建筑的群体价值意指石库门里弄建筑对于上海城市或街区风貌构成的价值，评定内容可以包括里弄的建筑规模、总体组合形式、构成的建筑肌理等。建筑的类型价值主要是指该处里弄的历史及文化价值。其一体现在石库门里弄作为上海近代房地产开端的价值，包括里弄的命名、单位土地容积率的最大化等。其二体现在石库门里弄所代表的上海近代城市特征，具体表现为居住人群的五方混杂、贫富杂居、商住混合的特征。里弄的历史人文价值则主要考虑石库门里弄与重要历史人物及事件的相关度，评价要素包括是否为著名人物的居所、著名设计师的作品、重要历史事件发生地等。

在里弄现状价值评估结果的基础之上，将里弄划分为不同的等级，并确定不同的保护与更新要求。价值较高的里弄，需以保护为主。保护要素包括外立面、装饰特征等，建筑的更新必须在满足保护要求的前提之下进行。对于该类建筑的更新，只允许结构性的加固和满足现代生活需求下的改动，不可随意改变建筑外立面风貌和内外部特征部位。对于价值一般的里弄则以有机更新为主，里弄建筑可以根据自身的特点和需要进行改动或保留。例如，对于有实际居住需求的建筑，在满足建筑安全性和符合整体风貌的前提下可以允许适当的加层。同时，在满足新旧风貌协调的前提下，可以使用现代化的材料对老旧建筑进行修补或局部替换。而针对价值较低的石库门里弄，则可列入拆除名单。拆掉后的建设方案需要考虑与周围建成环境在建筑肌理、造型和历史文化方面的协调。

5.2.2　加大保护资金的投入

纵观世界各国对于历史文化遗产保护的资金投入，主要是依靠政府的财政拨款，同时社会资金也是重要的组成部分。法国国家和地方政府每年对历史遗产的拨款高达2 000亿人民币，同时，社会其他资金也是重要的保护力量，包括福利彩票和慈善捐助。在英国，创建于1994年的国家遗产彩票将其收益的28%用于公益事业，其中包括文化及自然遗产的保护。截至2004年，共有150 000个遗产保护项目获得了30亿英镑的资助，其中有20亿用于城市的更新。另外，在西方国家，个人和慈善组织的捐助也为遗产保护贡献了重要力量，在法国，社会捐助资金如今已经基本达到政府财政拨款的金额数值。

而在上海，虽然2003年出台的《上海市历史文化风貌区和优秀历史建筑保护条例》中明确规定，应建立保护专项资金，但是各区县对于历史保护的资金拨款一直较少。而对于将彩票收入的部分用作遗产保护，上海目前的投入并不高。在2014年，上海的福利彩票收入是34.2亿元，但是仅有13.6亿元留存本市。这部分的收入还需要分配给社会保障和民生建设等领域，预留给遗产保护的空间并不大。对于慈善组织和个人捐助来说，上海如今并没有建立起完善的捐助体系，缺乏专门针对遗产保护的慈善机构、专门的资金接受渠道、专业的运营管理以及完善的捐助激励措施。对于这一情况，上海并非个例，这和我国整个社会公益组织发育不成熟有关。因此，对于上海的里弄保护，较为迫切的还是落实政府在遗产保护领域的财政专项资金。

5.2.3　注重社会参与

石库门里弄数量和规模之大，仅靠政府一己之力很难进行有效的保护，因此保护工作需要注重社会和民众的参与。经济激励政策通常被认为是调动社会参与度的重要策略，并比其他强制性措施更为有效。适当的经济激励措施，可以促使历史建筑拥有者和使用者自发地对建筑进行修缮维护。具体而言，措施包括税收减免、资金补助和优惠贷款等。对于税收减免，具体可包括财产税、个人所得税、营业税、房屋购置税等的减免。资金补助也是行之有效的手段之一。政府可以通过财政补贴的形式，对有意进行历史建筑维修的房屋所有者或使用人，补助一定金额的费用。对于大规模里弄的保护，规划方面的容积率奖励和转移则是更为有效的方式。通过奖励容积率的方式，可以鼓励开发商保护地块内的历史建筑。而对于容积率的转移，可以将历史建筑所在地块的规划容积率"卖"给其他地块，从中获得的资金用于建筑维护，而城市整体开发强度不变。关于容积率的激励措施，需要建立全市的基准开发容积率以及开发权转移平台，如此才能保证保护工作的顺利进行。

下 篇

静安区优秀石库门
建筑实例

第**6**章

山海关路地区

6.1　中共淞浦特委办公地点旧址

地址：山海关路339号（见图6–1）

建造年代：不详

石库门样式：新式石库门

占地面积：181平方米

建筑面积：600平方米

现有功能：纪念馆

保护级别：上海市文物保护单位

历史图纸：图6–2

测绘图：图6–3、图6–4

1. 历史沿革

中共淞浦特委会办公旧址是由杭果人、陈云等组成的淞浦特委于1928—1930年间在上海开展革命斗争领导农民运动的地方。

1927年8月7日，中共中央在汉口召开紧急会议（八七会议），确定了开展土地革命和武装斗争的总方针。1928年9月上旬，江苏省委决定建立淞浦特委，9月13日，淞浦特委在淞江县钱家草村正式成立。1928年冬，淞浦特委迁往上海。淞浦特委机关先设立在同孚路（今石门一路）和长浜

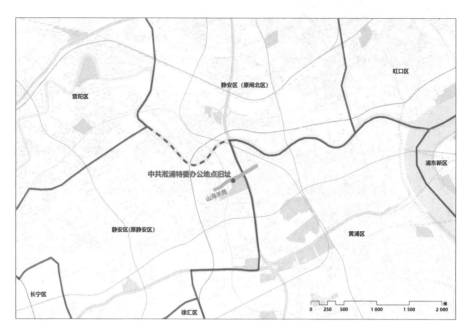

图6-1　淞浦特委旧址区位示意图

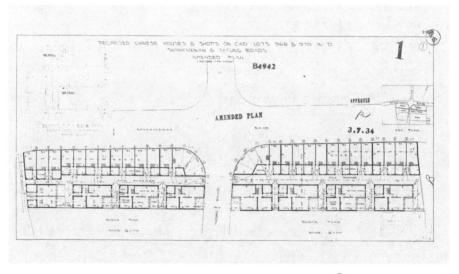

图6-2　淞浦特委旧址所在育麟里历史地图①

----

① 图片来源：上海市城市建设档案馆。

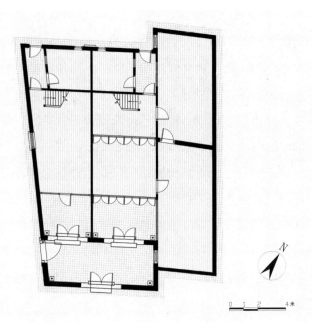

图6-3 淞浦特委旧址平面测绘图

图6-4 淞浦特委旧址立面测绘图

路（今延安中路）交界的一家烟店楼上（今延安中路1013弄2号），后改设在山海关育麟里5号一座二层石库门建筑中。为了掩护真实的办公身份，门口挂着正德小学的木牌，对外宣称是小学。淞浦特委作为上海郊县农民武装暴动的指挥部，发动并领导了多次农民武装斗争，直至1930年10月，特委所辖各县工作由江苏省委直接领导，淞浦特委被撤销。此后淞浦特委会旧址一直用作民用住宅，并无太大结构变动①。

2007年，因政府将上海自然博物馆新馆规划在淞浦特委会办公地点旧址所在建筑区域，为减少和避免新老建筑之间的矛盾，同样最大限度对历史建筑进行保护，国家文物局批准对老建筑进行整体迁移保护，从山海关路387弄5号整体迁移至现址（山海关路339号）。平移工程于2009年3月10日竣工②。2012年7月1日，中共静安区委、区政府在现址上建立陈列馆并向社会开放。

2. 建筑特征

如今保留下来的是育麟里5号和7号，5号为淞浦特委办公旧址（见图6-5），单开间石库门，7号则是一正一厢双开间。建筑为砖木二层结构，红瓦双坡屋顶，清水红砖墙面。

作为新式石库门里弄建筑，育麟里5号及7号单元平面呈长条形，遵循着"大门—天井—客堂间—楼梯间—附屋及后天井"的布局。与早期老式石库门民居相比，育麟里的这两间石库门开间减少、宽度变窄、窗户增多，同时进深也略有缩小。客堂间面向天井的一侧开整面落地长窗，在需要时，可以拆下落地窗，打通客堂间和天井，形成相互通融的空间，通风采光也更为优越。楼梯间位于正屋后面，正屋与附屋通过楼梯间相连，纵向后天井（1.5米×3米）紧靠灶披间和分户墙布置。后门开在后天井的位置，这一方4.5平方米的后天井有利于油烟的散发，也改善了居住空间的

① 乐基伟.寻踪觅影——静安红色之旅撷英[M].上海：上海辞书出版社，2006：85-90.
② 张任杰.保护文物平移及顶升——淞浦特委办公地点旧址整体平移顶升工程[J].城市道桥与防洪，2009（05）：196-197.

图6-5　位于静安雕塑公园的淞浦特委旧址

采光通风。晒台是整座建筑使用混凝土较多的部位，晒台地面，即亭子间楼板为混凝土砌筑，四周围有水泥栏杆。7号屋顶上开设有老虎窗，用以解决阁楼空间的通风采光问题。

　　建筑外部装饰方面，在没有进行修缮之前，5号和7号的外墙为红砖清水墙，并采用抹灰勒脚。在石库门大门部位，上部为三角形门头，内部雕刻有繁复的西式花纹，外部套多重线脚，配以水磨石门框，两侧配有宽大的水刷石门柱。建筑山墙东侧对外开窗尺寸较大，设有矩形窗洞，四周为水刷石窗套（见图6-6）。西侧三角形山墙的上部整齐排列，以矩形条块作为装饰。

图6-6　淞浦特委旧址东侧山墙

3. 现状

在2009年至2012年平移改造期间，相关部门对育麟里5号及7号进行了整体细致的修缮，包括恢复天井内的地漏、修复房间内的木地板铺地、对破损的老虎窗进行修缮及油漆重做、清理屋顶天沟使排水通畅、清洗外墙面并修复破损砖墙面、修复破损的勒脚、修缮原有木质门扇等。如今的淞浦特委旧址作为陈列馆向公众开放，主要介绍中共的早期革命工作，并开辟了"陈云主题展区"，所有展览内容均由陈云故居提供（见图6-7、图6-8）。

图6-7 淞浦特委旧址客堂间内部如今的陈设

图6-8 淞浦特委旧址建筑内部展陈

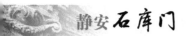

6.2 大田路334弄山海里3号、5号、17号住宅

地址：山海关路334弄3号、5号、17号（见图6-9）

建造年代：1916年

石库门样式：新式石库门

占地面积：每户占地150平方米

建筑面积：每户建筑面积约300平方米

现有功能：空置

保护级别：静安区文物保护点

测绘图：图6-10

1. 历史沿革

大田路原名大通路，筑造于清宣统元年（1909年），南起凤阳路，北至南苏州路，总长849米。1980年改名为大田路，后因为修建静安雕塑公

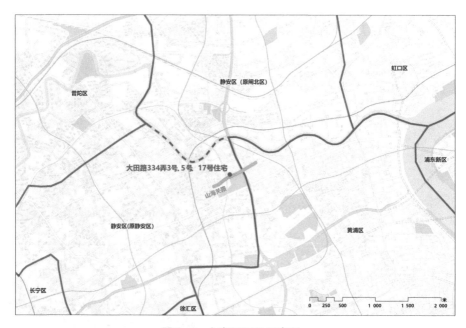

图6-9　山海里区位示意图

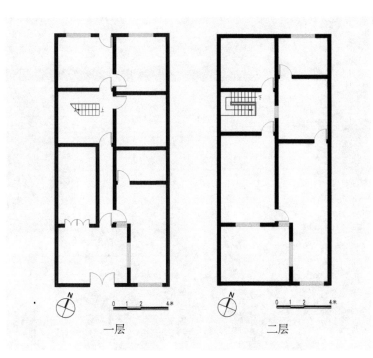

一层　　　　　　　二层

图6-10　山海里3号、5号、17号住宅平面测绘图

园而从中间断开。大田路334弄山海里由早期中国建筑师周惠南主持设计建造。周惠南是中国本土的现代建筑师，在外国建筑事务所或设计机构工作和学习，回国后开始设计包括天蟾大舞台、上海大世界等在内的上海著名建筑。大田路334弄5号曾是上海绘画大师谢之光的故居，17号曾是海宁翰林学士陈汝康一家的住址。

2. 建筑特征

山海里位于大田路334弄，为砖木结构。若除去沿街排，整个里弄只有一排房屋，均为一正一厢双开间单元，共计13个单元。其建筑特征如图6-11至图6-13所示。

山海里内的石库门为砖木二层，木柱采用洋松制造，木质楼板。每个单元的建筑形制几乎相同，进深约16米，面阔7.6米，建筑面积约为226平方米。以5号为例，正房部分进门之后为天井，接着为客堂间和横向的楼梯间，最后为灶披间，厢房部分分为前、中、后三部分。二层面向天井

图6-11　山海里弄堂

图6-12　山海里过街楼

图6-13　山海里石库门的建筑外部装饰较为朴素

一侧开6扇统排木窗，下部为木质板条墙。建筑中并无卫生设备，但是在后来的使用过程中，居民利用后天井的空间来安放卫生淋浴设备。山海里内的石库门较为特殊的一点是附屋部分的灶披间之上并无亭子间，而是直接在灶披间上方设水泥晒台，因此建筑形成了前二后一的层高。山海里内的石库门在建筑装饰方面较为朴素，山墙为简单的三角形山墙，石库门建筑标志性的大门门头位置并无任何装饰，木质窗户的四周也无窗套或其他线脚。

3. 现状

山海里这一处的石库门恰好处于老式石库门和新式石库门交接的时期，兼具有这两种石库门的特征，清晰地体现了上海石库门里弄建筑的发展脉络：从它的单体平面形制上来说，并不像新式石库门那样，在灶披间之上设亭子间，但是建筑的整体布局又采用西方联排式布局，同时在晒台部位采用了混凝土材料。

6.3　山海关路274弄11号住宅（田汉旧居）

地址：山海关路274弄11号住宅（见图6-14）

建造年代：1926年

石库门样式：新式石库门

占地面积：98平方米

建筑面积：约171平方米

现有功能：空置

保护级别：静安区文物保护点

历史图纸：图6-15、图6-16

测绘图：图6-17

1. 历史沿革

山海关路274弄为安顺里，建造于1926年，共有17幢砖木结构的石库

图6-14　田汉旧居区位示意图

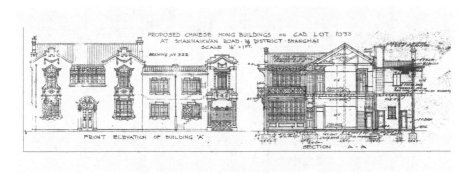

图6-15　田汉旧居所在的安顺里建筑历史立面图[①]

门单元，总占地共3 530平方米（见图6-18）。1935年，著名剧作家、戏曲作家田汉居住在山海关路274弄（安顺里）11号的石库门内，并在这里创作了《义勇军进行曲》的部分歌词。1935年2月，公共租界工部局新闸巡捕房在安顺里11号逮捕了当时作为中共地下"文委"委员的田汉及其妻子。

---

① 图片来源：上海市城市建设档案馆。

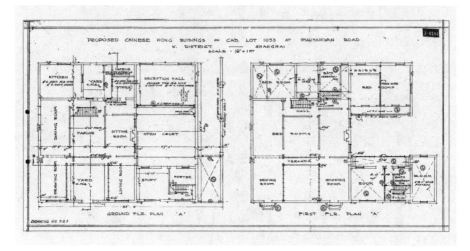

图6-16 田汉旧居所在的安顺里建筑历史平面图[1]

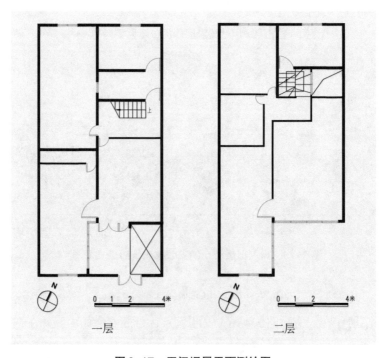

一层　　　　　　　　二层

图6-17 田汉旧居平面测绘图

① 图片来源：上海市城市建设档案馆。

图6-18　安顺里

2. 建筑特征

安顺里共有纵向6排房屋，呈行列式排列，属于新式石库门里弄。除去沿山海关路的第一排房屋由2个三开间石库门组成外，其余5排都由3个一正一厢双开间石库门组成，整个里弄共计17个单元。建筑为二层砖木结构，梁架结构已经不再采用传统的穿斗式，而是改为了三角形人字屋架。

安顺里11号宅整体布局较为宽敞，面阔7米，进深14米，建筑平面遵循"前天井—客堂间—楼梯间—横向后天井—灶披间"的布局，厢房分为前后两个部分。这个住宅虽然布局形制和其他新式石库门并无太大差异，但是其细节装饰十分精美。前天井地面以大块的方形条石铺地，客堂间面向天井的一侧开落地长窗，菱形样式的槅花中镶嵌有彩色玻璃，二楼窗扇采用同样的处理方式（见图6-19）。天井四周一层和二层之间的挑口部位有多重腰线，雕刻有花卉及果实。客堂间采用水磨石铺地，二层则为木质地板。内部的木楼梯采用宝瓶式栏杆，与普通的直棂栏杆相比，形象上更富有变化和意趣。同时，楼梯间的底部进行了抹灰处理，并做了弧

图6-19　田汉旧居前天井

形的吊顶处理，曲线优美。晒台四周的墙面以黄沙水泥涂抹，并做分缝处理，围栏为砖砌栏杆。建筑外部装饰方面，墙面为青砖清水墙，配以丰富的红砖线条，石库门弧形门头内雕刻有复杂的西式巴洛克花纹，配以水刷石门套和门柱（见图6-20）。

图6-20　安顺里11号石库门

3. 现状

在后续的使用过程中，为满足使用需求，11号房屋的部分内部空间功能发生了变化（见图6-21）。原本房屋的设计中没有安排卫生设备，后在居住过程中，居民在后天井的位置安装了卫生及洗浴设备。同时，为了满足多户人家对厨房空间的需求，11号房屋将二楼亭子间也改为了厨房使用。

图6-21　田汉旧居通往晒台的木质楼梯

6.4　山海关路282号住宅

地址：山海关路282号（见图6-22）

建造年代：1926年

石库门样式：新式石库门

占地面积：约190平方米

建筑面积：不详

现有功能：商业

保护级别：静安区文物保护点

1. 历史沿革

山海关路282号是安顺里临街保护较好的一栋三开间石库门。相传是早期天宝银楼老板裘天宝祖宅，后成为其女儿裘丽琳及其女婿著名京剧表演艺术家周信芳的故居。1998年，上海三联皮具有限公司注册成立，其办

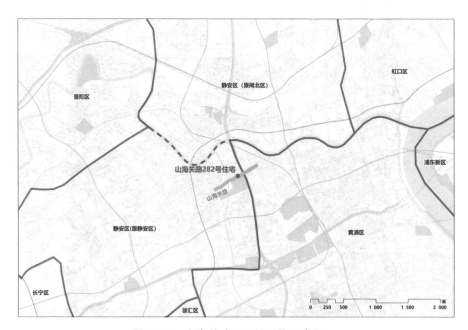

图6-22　山海关路282号区位示意图

事地点就设在上海市静安区山海关路282号。

2. 建筑特征

山海关路282号住宅位于大田路至成都北路段的山海关路北侧，是一栋新式石库门，从行号图上看，属于安顺里的一部分。282号住宅为一正两厢三开间，二层砖木结构，双坡屋顶之上铺设红色机平瓦。

这幢住宅充分体现了在20世纪20年代，上海的新式石库门建筑对中西方建筑文化的融合和吸收。在平面布局上，建筑遵循着中国传统的三合院形制，由"院墙及大门—前天井—客堂间—楼梯间—灶披间—后天井"组成。两侧厢房分布在东西两侧，分为前厢房、后厢房两个部分。在建筑的装饰上，中国传统的细部装饰也随处可见：前天井宽敞透亮，在其四周的客堂间及左右厢房所安装的格扇门装饰有多种棂花图案，二层木窗的棂花样式以梅花和六边形图案为主，寓意吉祥美好。同时，二层木板条出挑，挑口处还雕刻有繁复细密的中式图案。与此同时，西方的建筑文化也在这栋建筑中留下了深刻印记。282号在南立面二层挑出有两个水泥制的阳台，配有铁质的花艺栏杆，木质窗扇外面套百叶窗。同时，南立面的底层对外开窗尺度较大（2米×2米），已经完全不同于中国传统江南民居对外封闭的特征，窗台下部还雕刻有卷型花纹。石库门门头部位为西式拱券形，内部雕刻有繁复的巴洛克式图案。山墙为弧线形的叠落式，上部装饰有西方飘带样式的花纹。在房屋内部，一楼客堂间入口处铺有彩色的马赛克地砖，后厢房还设有西式的壁炉，白色的天花吊顶也是西洋风格。从建筑材料上看，西方的钢筋混凝土在282号房屋中被大量使用，包括在附屋部分的晒台及亭子间，还有南立面的阳台及石库门门框等部位。

3. 现状

山海关路282号整体保存情况较好（见图6-23），外墙为水刷石分缝墙面，外部细节装饰依旧精致如初。这里后被用作三联皮具有限公司的办事处，现在是万福昌红木家私馆（见图6-24），用于经营和收藏二手红木家具。

图6-23　山海关路282号整体

图6-24　山海关路282号大门部位

6.5 彭湃烈士在沪革命活动地点

地址：新闸路613弄12号（见图6-25）

建造年代：1919年

石库门样式：新式石库门

占地面积：38.5平方米

建筑面积：不详

现有功能：空置

保护级别：上海市文物保护单位

历史图纸：图6-26、图6-27

1. 历史沿革

位于新闸路613弄经远里12号的一栋单开间石库门建筑，曾是中共中央军委所在地，是早期中共中央领导人彭湃开展工作的地方。八七会议后，

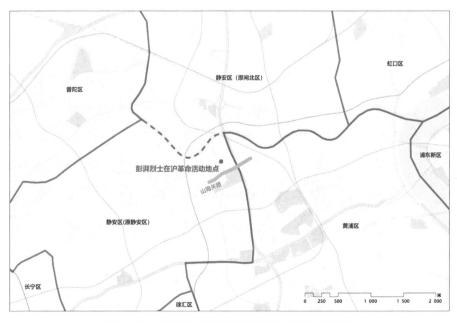

图6-25 彭湃烈士在沪革命活动地点区位示意图

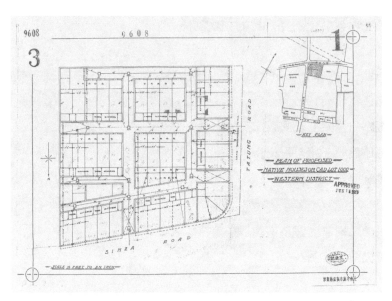

图6-26　彭湃烈士在沪革命活动地点所在的经远里历史地图[1]

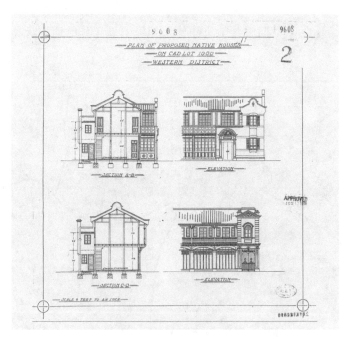

图6-27　彭湃烈士在沪革命活动地点历史图纸[2]

---

[1]　图片来源：上海市城市建设档案馆。
[2]　同上。

"农民运动大王"彭湃到上海来开展工作，就居住在新闸路613弄12号，并在这里写下了《雇农工作大纲》。1929年8月24日，由于白鑫出卖，彭湃、杨殷、颜昌颐、邢士贞等人被捕于此[①]。1962年这一处石库门被公布为上海市文物保护单位。

2. 建筑特征

新闸路613弄12号属于经远里，包括沿新闸路一排的房屋，共计有三排房屋，呈东西两列排布，每排都由4个单开间的石库门组成。经远里内的石库门建筑属于新式石库门，层高两层，砖木结构，采用四柱落地的穿斗式梁架，双坡屋顶之上铺设小青瓦，山墙为简单的三角形山墙。

彭湃烈士曾居住过的12号遵循典型的新式石库门平面布局，进入石库门之后为一方前天井，面积约为7.5平方米，之后为前客堂间和后客堂间，再之后是楼梯间，通过木质楼梯上到二楼。附屋部分，灶披间旁为一纵向的后天井，沿着分户墙布置，进深约为3米，为灶披间提供通风采光。灶披间之上为亭子间，为彭湃烈士生前的卧房（见图6-28）。这一方亭子间朝北及东面开窗，高2.4米，面积约为7平方米。亭子间之上为水泥制晒台。经远里12号北立面如图6-29所示。

建筑装饰方面，这个里弄内的石库门，其装饰总体较为简单。外墙面为红砖清水墙面，后用黄沙水泥进行抹灰处理。石库门装饰有拱形的门头，但是门头上的雕花已经不见踪迹。

3. 现状

新闸路613弄12号这一处石库门在近代使用过程中，居住在其中的住户对房屋进行了多处改加建（见图6-30），包括在天井上方搭建透明雨棚；一层客堂间上部加设夹层；三层加建阁楼并在屋顶开老虎窗；后部搭建晒台，将其改造为厨房及卫生间。这些改加建行为导致建筑出现了多处较为严重的病害：木柱腐朽，存在开裂霉变现象；内部墙面抹灰脱落，墙体内部砖砌体酥碱较为严重；木质大门出现开裂、变形等病害。

[①] 潘高峰.小楼见证"农民运动大王"最后革命足迹[N].新民晚报，2018-01-19(4).

图6-28 经远里12号石库门
亭子间，曾是彭湃烈
士的卧房

图6-29 经远里12号北立面

图6-30　经远里现状

6.6　中国劳动组合书记部旧址

地址：成都北路893弄7号（见图6-31）

建造年代：1920年

石库门样式：新式石库门

占地面积：273平方米

建筑面积：538平方米

现有功能：展览馆

保护级别：上海市文物保护单位

历史图纸：图6-32

测绘图：图6-33至图6-35

1. 历史沿革

1921年8月，中国共产党在上海成立了公开领导工人运动的第一个总机

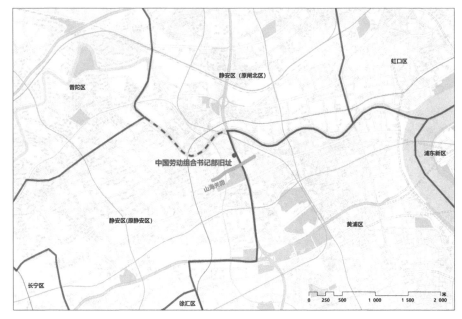

图6-31　劳动组合书记部旧址区位示意图

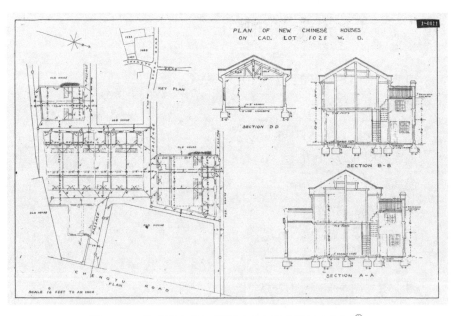

图6-32　劳动组合书记部旧址所在泳吉里历史图纸^①

---

① 图片来源：上海市城市建设档案馆。

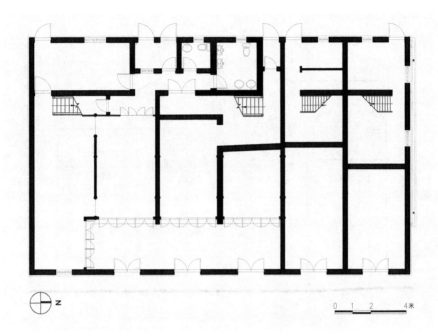

图6-33　劳动组合书记部旧址平面测绘图

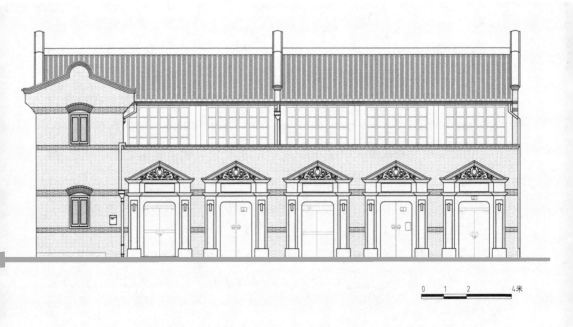

图6-34　劳动组合书记部旧址东立面测绘图

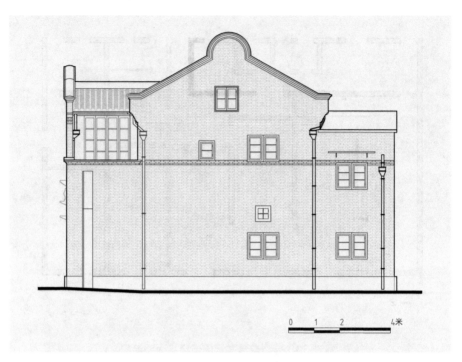

图6-35　劳动组合书记部旧址北立面测绘图

关——劳动组合书记部，张国焘为书记部主任，李启汉、李震瀛等为干事。劳动组合书记部在当时主要是召集工人活动、进行工人教育、组织工会运动、领导工人罢工运动的活动场所，同时也是书记部联络处、机关刊物《劳动周刊》的通讯站。书记部旧址为成都北路899号，其所在地块原来是建于1909年的华商协成丝厂的工厂办公用房，1920年建设为石库门里弄住宅，中国劳动组合书记部成立时租用了沿街面的一幢，楼下为客厅、会议室、活动室，楼上为李启汉卧室和办公室[①]。

　　1922年6月9日，上海公共租界工部局以《劳动周刊》"鼓吹劳动界革命，宣传过激主义"为借口，对书记部进行查封。同年7月18日，再次以"对于租界治安，大有关碍"为借口，查封了中国劳动组合书记部办公机关。书记部被迫迁往北京，改称"中国劳动组合书记部总部"，上海设分

---

① 薛理勇.岁月拾萃：上海市静安区石门二路街道的人文之旅[M].上海：上海书店出版社，2018：191.

部，继续领导上海工人运动①。直至1925年5月1日，第二次全国劳动大会在广州召开，中华全国总工会成立时，书记部才退出历史舞台。

　　书记部在查封后，房东通过申请启封，仍然提供出租。房屋历经多次维修变动，致使建筑内部空间发生了很大变化。1959年，上海市人民委员会将旧址列为市级文物保护单位。1992年9月28日，旧址按原貌修复，辟为纪念馆对外开放。1994年1月，为配合上海市政建设重点工程——成都路南北高架道路的建设，旧址被拆除，改为将原址后成都北路893弄7号的住宅楼用作陈列馆②（见图6-36）。2005年5月，中国劳动组合书记部旧址陈列馆经上海市总工会、上海市静安区政府共同投资修复后再次开放③。

图6-36　2005年修复前的中国劳动组合书记部旧址陈列馆④

① 上海工运志编纂委员会.上海工运志[M].上海：上海社会科学院出版社，1997：221.
② 同上。
③ 同上。
④ 上海市静安区志编纂委员会.静安区志[M].上海：上海社会科学院出版社，1996：插页图.

2. 建筑特征

劳动组合书记部旧址展览馆所在的这一排石库门呈南北走向，由4个单开间和南侧1个双开间组成。该排建筑属于典型的新式石库门里弄建筑，为砖木结构，配以双坡青瓦屋顶。相比老式石库门，开间和面宽都有所缩小，每个开间宽度大约为3.5米左右，院墙高度约为4.8米，在保证住宅私密性的同时，也能满足房屋的通风和采光需求。

南侧的2个单开间与双开间的分户墙被打通，连为一体，作为旧址陈列馆使用（门牌号为3～7号），内部空间改动较大。大门进去为一方进深3米的天井，青砖地面，天井上方覆盖透明雨棚（见图6-37），原客堂间空

图6-37 劳动组合书记部旧址天井部位

间改造为展厅使用，其后的楼梯间两户打通，由原先的双跑楼梯改为两个对称的直跑楼梯，建筑后部的后天井及灶披间部位则改为卫生间和仓库。二层前楼每个单元开6扇联排木质窗户，窗下的木板墙上雕刻有由横竖短线组成的回字形花纹，寓意福寿吉祥。亭子间设置在二层楼梯转角处，离地面约2.4米高，其上为混凝土制晒台。相比南侧为了满足展陈需求而改动较大的4个开间，北侧的2个单开间较大程度上保留了原始的建筑平面形制，遵循着"大门—前天井—客堂间—楼梯间—灶披间及后天井"的格局，后天井紧靠着分户墙和灶披间布置。

外部装饰方面，建筑为青砖清水外墙，装饰有红砖线条。大门上方为三角形门头，多重线脚，内部雕刻有巴洛克式山花，配水磨石门框和水泥门柱。山墙表现为简单的巴洛克观音兜式山墙。

3. 现状

该陈列馆是全面展现中国劳动组合书记部史迹的唯一专题陈列馆（见图6-38、图6-39），所陈列的展品较为全面真实地反映了劳动组合书记部的历史和发展。

在改建为展览馆的过程中，建筑内外部均有较多改动，包括对建筑内部墙体进行添加和拆除、对木质地板进行重新刷漆和加固、增设空调和

图6-38 劳动组合书记部旧址展厅内部一

图6-39　劳动组合书记部旧址展厅内部二

排水系统等。建筑的正立面经过修缮，质量较好，但是存在墙体轻微开裂的问题。两侧立面的完好情况不如正立面，有多次水泥修补的痕迹（见图6-40）。

图6-40　劳动组合书记部旧址现状

6.7 斯文里

地址：东斯文里——大田路南苏州路至新闸路段东侧

西斯文里——大田路顺德路至新闸路段西侧（见图6-41）

图6-41 斯文里区位示意图

建造年代：1914—1921年

石库门样式：新式石库门

占地面积：46 600平方米

建筑面积：东斯文里建筑面积26 384平方米

现有功能：西斯文里已拆，东斯文里空置

保护级别：静安区文物保护点

测绘图：图6-42、图6-43

1. 历史沿革

斯文里作为大型新式石库门里弄住宅群，曾是静安区内著名的大型石

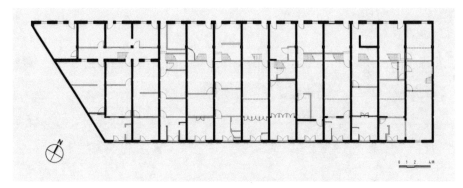

图6-42　东斯文里961弄一层平面测绘图

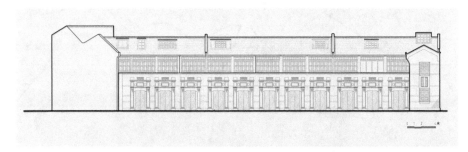

图6-43　东斯文里961弄南立面测绘图

库门里弄住宅群之一。这一里弄位于苏州南路以南，新闸路以北，以大田路为界分为东西两部分，分别称为东、西斯文里①。东斯文里于2013年初开始动迁，而西斯文里已于20世纪末拆除（见图6-44）②。

斯文里所在地原为广肇山庄，1914年，英籍犹太人购得广肇山庄土地，并由英商新康洋行于1914—1920年间在该地块上建成砖木结构的石库门里弄住宅单元39排，706个单元。其中，西斯文里始建于1914年，东斯文里始建于1918年。这里原名为新康里，后卖给美国商人斯文洋行，故而更名为斯文里，到后期斯文里的住宅多达664幢③，成为上海后期规模最

① 静安区三普领导小组办公室，静安区文物史料馆.都市印记——静安区建筑文化撷英[M].上海：上海辞书出版社，2013：22.
② 阮仪三，张杰，张晨杰.上海石库门[M].上海：上海人民美术出版社，2014：134.
③ 上海市档案馆.近代城市发展与社会转型——上海档案史料研究（第四辑）[M].上海：上海三联书店，2008：160.

图6-44　西斯文里原址上建设的高层建筑（左）及东斯文里（右）

大的石库门里弄住宅。国民党中央执行委员会调查统计局（简称"中统"）曾在斯文里有过秘密联络点①。

　　早期斯文里的设计以满足小型家庭和中等收入家庭的需求为主，以单开间为主，辅以少数双开间单元。1937年，"八·一三"事变后，杨浦、虹口、闸北等地的居民南迁至租界，大大增加了斯文里的人口密度，使得其中的石库门出现了多样的内部空间分割②。

　　2. 建筑特征

　　斯文里是典型的新式石库门里弄，共设有20条东西横向的弄堂，东侧

① 上海市普陀区志编纂委员会.普陀区志[M].上海：上海社会科学院出版社，1994：941.

② 上海住宅建设志编纂委员会.上海住宅建设志[M].上海：上海社会科学院出版社，1998：76.

12条弄堂坐东朝西，西侧8条弄堂坐西朝东，弄堂口分别通向大田路。西斯文里已经于20世纪末拆除，相关资料也已难以寻觅。

如今保留下来的东斯文里占地面积约为26 530平方米，总户数为300户左右。东斯文里整个里弄的总体构成呈现明显的鱼骨形，房屋采用欧洲联排式布局，由南至北共布置有13排房屋，每排20～25个单元。弄内联排式房屋东西两端的主通道宽5米，通道沿街入口处设有过街楼，通往各联排房屋的支弄，其宽度约为4米。朝向上，除大田路沿街的房屋为坐西朝东排列外，其余各栋均为朝南排列。

东斯文里内，每排房屋的两端为带厢房的双开间户型，面积约为172平方米，中间户则都为单开间户型，面积约为80平方米。尽管是面积较小的单开间住宅单元，但是其纵向轴线还是保留着传统住宅由"大门—天井—客堂间—后天井及附屋"组成的空间序列。客堂间面向天井的一侧装有可以完全敞开的中国木制格子落地长窗，二层檐部外挑约20厘米。在正屋与附屋的联接方式上，用位于楼梯间的同一套楼梯体系将正屋二层与附屋的亭子间联接起来，同时，将附屋的宽度缩小1.2米，留作纵向的后天井使用，以增加灶披间和楼梯间的通风采光。东斯文里建筑特征如图6-45至图6-47所示。

建筑结构和材料方面，东斯文里主屋部分的结构体系为木结构，木构架体系为穿斗式，在附屋部分，还使用三角形木屋架。木构架之间的墙体为填充墙。亭子间屋顶采用混凝土平板，板厚约为20厘米。建筑装饰上，房屋正面入口石库门上方门头部位的拱形山花已经完全是西方巴洛克式的风格。山墙为硬山式三角形山墙。

3. 现状

东斯文里内的石库门因居民后期的居住需求而多次加建，导致建筑的实际使用荷载超过设计荷载，有部分房屋进行了更大规模的阁楼加建，住户将原有屋顶拆除，在原有木柱上开榫，接上约1.5米高的新柱，在此基础上搭建新的梁和屋面，但新柱与原结构体系没有成为一体，存在一定的安全隐患（见图6-48）。

图6-45　东斯文里弄堂

图6-46　东斯文里建筑山墙

图6-47 东斯文里住
宅大门

图6-48 东斯文里沿街现状

第7章
山西北路地区

7.1 梁氏民宅

地址：山西北路457弄61号（见图7-1）

建造年代：1898年

石库门样式：老式石库门

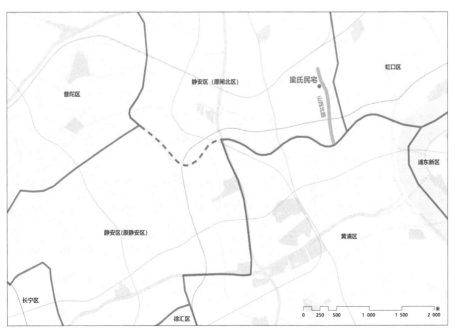

图7-1 梁氏民宅区位示意图

占地面积：223.59平方米

建筑面积：444.28平方米

现有功能：空置

保护级别：上海市优秀历史建筑、
静安区文物保护单位

测绘图：图7-2至图7-4

1. 历史沿革

因山西北路河段曾筑过老闸，故
山西北路在历史上曾被称为老闸路
（1860年左右）。随着商业发展，老闸

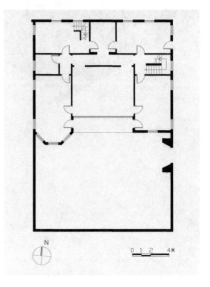

图7-2　梁氏民宅一层平面测绘图

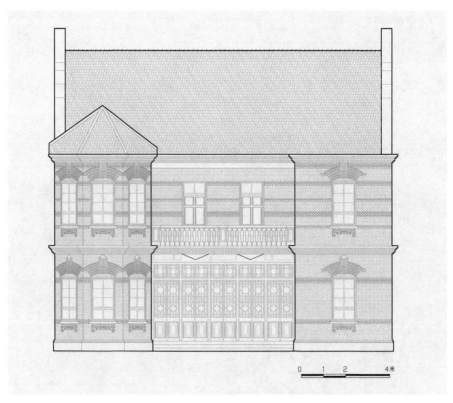

图7-3　梁氏民宅南立面测绘图

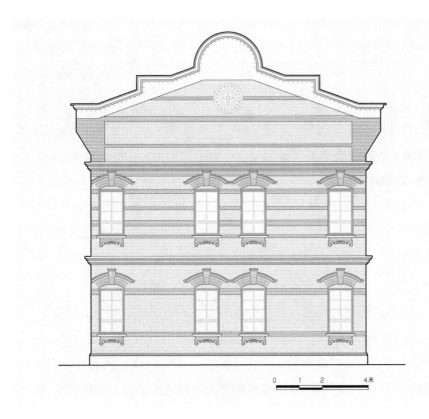

0　1　2　　　　4米

图7-4　梁氏民宅东立面测绘图

北岸逐渐形成商业集市，今山西北路南端，北苏州路至唐家弄之间曾有一条全长约300米的老街。在清康熙至光绪年间，老街是粮食、货物的集散地，是老闸市中心商业街区。

上海开埠后，苏州河沿岸航运业逐渐繁荣，老街的商业地位也逐渐突出。1860年后，英国商人在老街东建造大批石库门建筑，人口数量开始大量增加。1885年，一座架在苏州河上的六孔木桥将老街与租界内的山西路相连，1887年老闸路更名为北山西路①。1887—1895年，北山西路逐渐拓宽至9米。1943年当局收回租界后，北山西路更名为山西北路。19世纪末至辛亥革命后，北山西路两旁几乎汇集了19世纪末至20世纪初旧上海的各式民居建筑。

① 今山西北路河段曾筑过老闸，随着商业发展，老闸北岸形成商业集市，也称老街。1885年，汤盆桥建成后，老街与山西路南北贯通，1887年更名为北山西路。

梁氏民宅是位于北山西路西边的建筑，为最典型的早期石库门。据记载，如今海宁路山西北路口西北侧曾被称为"钱家宅"，建有山西北路457弄的"钱家豪宅"和海宁路780弄的"钱氏民宅"。后钱家败落，将"钱家豪宅"卖与梁氏，更名为"梁氏民宅"。位于山西北路457弄61号的梁氏民宅是一幢建于1898年的砖木混合的中西混合庭院式二层建筑。2005年被公布为上海市优秀历史建筑。

2. 建筑特征

该建筑为砖木二层结构，坐北朝南。房屋占地面积为223.59平方米，总建筑面积为444.28平方米。梁氏民宅作为早期的老式石库门，其单元平面布局中轴对称严谨，遵循着"院门—天井—客堂间及左右两厢房—后天井"的布局，无附房及亭子间。一层和二层均布置有朝南居中的大厅，分布在大厅东西两侧的寝室，以及走廊北部的其他用房，上下层布局基本对位。整座宅子高墙深院，较后期布局紧凑的新式石库门更为宽敞。

梁氏民宅从正立面看为一正两厢房。建筑的前廊地面铺马赛克地砖，白色底子饰以黄褐相间的线条和蓝灰相间的花朵形装饰，简洁淡雅。一层客堂间铺褐色系几何形分隔花砖，以带形纹和回纹的花砖收边。客堂间朝向天井一侧设有整排的落地长窗，其上饰有彩色玻璃。建筑内部设两部楼梯组织垂直交通，在东西厢房后侧分别设有通往二楼的木质楼梯。东侧的楼梯为双跑木楼梯，楼梯踏步及扶手刷深色混水漆，扶手上有精美的雕花，楼梯间靠墙面设有木质护墙板。西侧的楼梯为L形木楼梯，踏步及扶手刷深色混水漆，扶手形式较东侧楼梯要简洁。二楼前楼向外整面挑出1.5米宽的水泥走廊，配立宝瓶式水泥栏杆。同时，走廊西端挑出一座亭阁式的六角形看台，样式精美。二楼后天井上部设有水泥楼梯通往后部晒台。晒台以水泥浇筑，四周以水刷石做栏杆。屋面为传统的双坡屋顶，木屋架，上着木檩条、木椽子，并铺小青瓦。山墙为高大的巴洛克观音兜式，配有圆形花瓣状的装饰图案，其中镶嵌有彩色玻璃。

建筑外部装饰方面，外墙为青砖清水墙，配以丰富的红砖线条，同时一二层之间以红砖砌筑出突出的线脚。大门为传统的木质门扇，石料门框。门头分院内院外两个门头，整体以红砖砌筑。外门头上方罩观音兜，垂花门样式，朝向院内的门头设有门罩，上覆小青瓦。内外门头都刻有繁复的西式花纹，当中雕刻有中式字匾。内门头原刻有"君之安宅"四字，但在"文革"之时被铲除，现如今字迹已难以分辨。山墙侧的窗户洞口上设有弧形过梁，内安木窗，上方以红砖作为拱券型装饰，水泥窗台下部同样以红砖装饰出花纹图样，窗扇外罩有精美的铁质雕花防盗窗。

梁氏民宅室内装潢同样精致而不烦琐。阳台门为简洁的大格子木门，内安透明玻璃，外设一道百叶门；另有4扇由房间通往室外的带亮子的板门，亮子做木质花格，内安彩色玻璃。一楼客堂间有西式的白色天花吊顶。室内还装饰有雕刻精美的中国传统样式的挂落，用于软分隔一层客堂间与其后的内廊。挂落做成勾片样式，中嵌木雕，每个挂落的两下角原均有垂花柱，现缺失三个。楼上楼下的四间寝室内各有一个大型西式壁炉，保存完好，木质壁炉套上雕刻精美。梁氏民宅具体建筑特征如图7-5至图7-13所示。

图7-5　梁氏民宅院外门头：门头上方砌筑有高大的观音兜

图7-6 梁氏民宅院内门头：砖砌门头，当中有字匾，同时门罩上覆小青瓦

图7-7　梁氏民宅楼梯

图7-8　梁氏民宅二楼挑出的阳台

图7-9　梁氏民宅观音兜式山墙及小青瓦屋顶

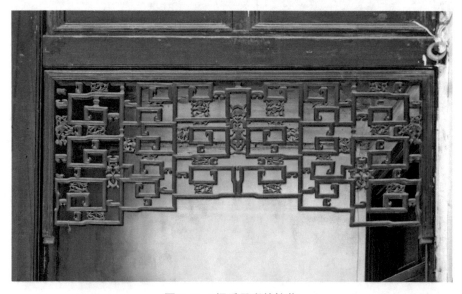

图7-10　梁氏民宅的挂落

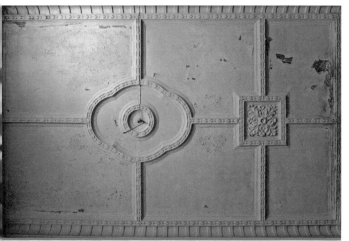

图7-11 梁氏民宅内部西式的天花吊顶

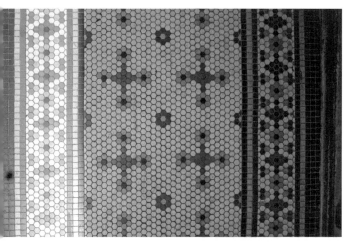

图7-12 梁氏民宅的拼花地板

图7-13 梁氏民宅客堂间的落地长窗，其上嵌有彩色玻璃

3. 现状

　　作为静安区保存较好的老式石库门，梁氏民宅对研究老闸北区民居的历史发展有一定价值。主体建筑的外立面基本保持原始风貌，从中还能一窥当时的大宅豪门之风采，但内部保存情况不一，家具、楼梯、地板及屋瓦保存较为完好，而内部及外走廊的天花吊顶存在受潮及破损病害，建筑北门被砖块封堵，无法进入。

7.2 吴昌硕故居

地址：山西北路457弄12号（见图7-14）

建造年代：1911年

石库门样式：老式石库门

占地面积：不详

建筑面积：298平方米

现有功能：住宅

保护级别：上海市文物保护单位

历史图纸：图7-15

测绘图：图7-16、图7-17

1. 历史沿革

据说上海名门望族钱氏家族[①]曾移居海宁路、山西北路一带，故该地

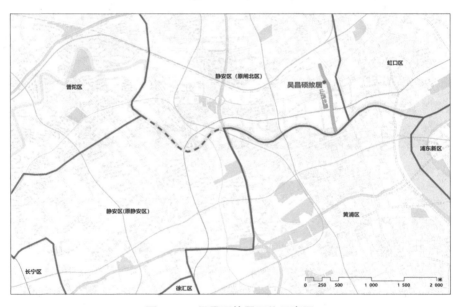

图7-14　吴昌硕故居区位示意图

――――――――――
① 与现闸北公园内的钱氏宗祠是同一主人。

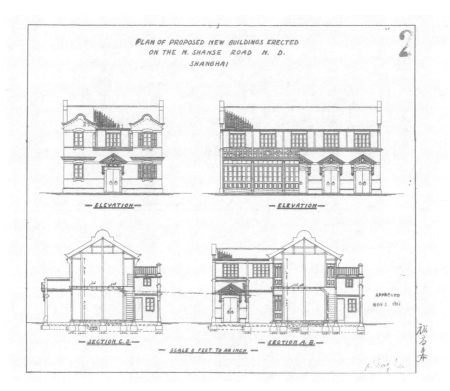

图7-15 吴昌硕故居历史图纸[①]

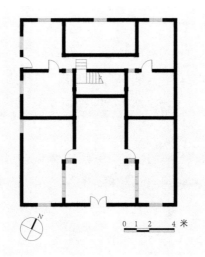

图7-16 吴昌硕故居一层平面测绘图

---

① 图片来源：上海市城市建设档案馆。

图7-17　吴昌硕故居南立面测绘图

区旧时也称钱家宅。后钱氏家族购地、建房，靠出售土地和出租房屋为生。1913年，被誉为"中国美术界海派艺术创始人"的吴昌硕携妻子从苏州迁居上海，租住在钱家位于山西北路吉庆里923号（今山西北路457弄12号）的石库门建筑中，并在这里度过了生命中的最后14年，直至1927年因病去世。

　　在作为吴昌硕寓所期间，这座三间两厢的二层石库门楼房的二层客堂间是作为画室使用的。东厢房二楼为吴昌硕的卧室兼书房。一层客堂间与东厢房合用作会客室。后西厢房为裱画室，与灶披间相邻。该处建筑于1985年被公布为上海市文物保护单位[①]。

　　2. 建筑特征

　　吉庆里主要为老式石库门住宅，兴建于清末民初的1913年。吉庆里里弄规模并不大，仅有一排房屋共计14个单元。由于是老式石库门里弄，因此吉庆里的建筑并非像后期新式石库门里弄那样，遵循两端双开间、中间单开间的单元布局，而是采取单开间、双开间及三开间穿插布局的方式。

　　吴昌硕所居住的12号为一正两厢二层的三开间石库门，为砖木结构。

① 中国人民政治协商会议上海市闸北区委员会，闸北区苏河湾建设推进办公室.百年苏河湾[M].上海：东方出版中心，2011：159.

建筑为传统的"三上三下"结构，即中轴线为天井、客堂间及楼梯间，两侧均有厢房的住宅，同时在西厢房二层之上搭设有水泥制的晒台。屋面为双坡屋顶，覆盖有传统的小青瓦，山墙为简单的三角几何形状。

　　建筑外墙为清水红砖墙，外表刷白色石灰粉。整座建筑表面装饰有丰富的红砖线条，并以白色石灰勾缝，韵律丰富。这幢宅子的石库大门见证了于右任、梅兰芳以及齐白石等人的时常出入，如今仍保持着原始的黑木门扇，古朴厚重，配以白色的花岗岩条石门框，对比强烈。大门上部有两层山花，一层为圆弧形，另一层为其上所罩的三角形石框，两层门楣中都刻有繁复的西式花纹（见图7-18）。外立面窗为传统木窗，上部有红砖砌筑的拱形过梁。虽然为传统的老式石库门，但是吉庆里12号的一些特征已经

图7-18　吴昌硕故居
　　　　 大门

出现了向新式石库门转变的趋势，比如山墙已经不似江南传统民居高大的观音兜或马头墙，而是表现为简单的三角形山墙，其上也无任何装饰；晒台由传统的木质晒台变为了水泥制晒台；门头的雕刻装饰图案表现出了明显的西方巴洛克式风格。

3. 现状

吴昌硕故居于1985年被列为上海市文物保护单位，现仍有居民居住其中。如今建筑的外墙出现了受潮及抹灰脱落的现象，但整体结构依旧保存较好。厚重的木门、斑驳的墙面、传统的江南青瓦以及围合式的传统院落，处处体现着这座石库门沧桑的历史故事。

7.3 福荫里12号宅

地址：山西北路469弄12号（见图7-19）

建造年代：1912年

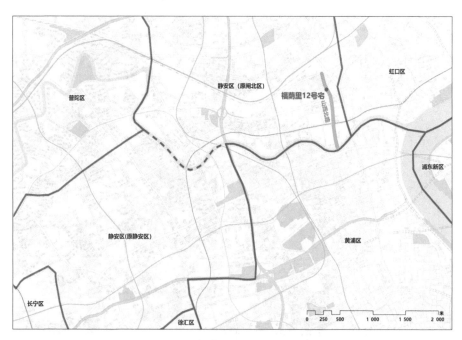

图7-19 福荫里12号宅区位示意图

石库门样式：老式石库门

占地面积：200 平方米

建筑面积：494 平方米

现有功能：空置

保护级别：静安区文物保护点

历史图纸：图 7–20、图 7–21

测绘图：图 7–22、图 7–23

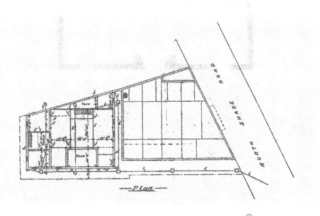

图 7–20　福荫里 12 号宅历史平面图[1]

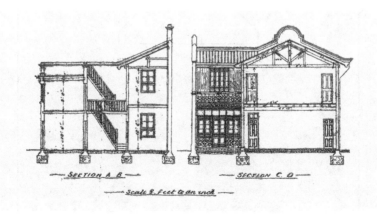

图 7–21　福荫里 12 号宅历史剖面图[2]

---

[1]　图片来源：上海市城市建设档案馆。

[2]　同上。

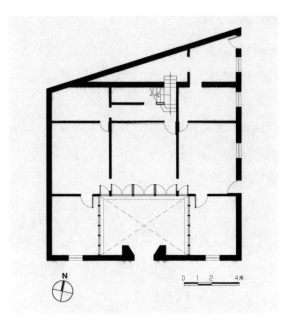

图7-22 福荫里12号宅一层平面测绘图

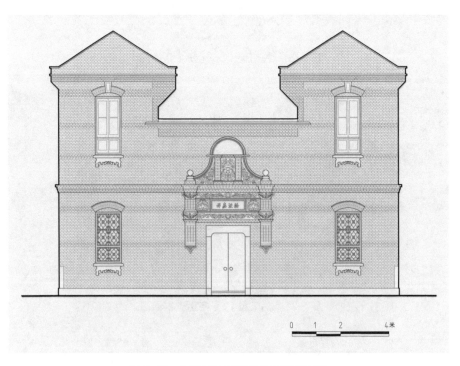

图7-23 福荫里12号宅南立面测绘图

1. 历史沿革

位于山西北路469弄的福荫里，取自"备致嘉祥，总集福荫"的对联，寓意吉祥[①]。里弄建造于1912年，内有单开间住宅2户（6号、8号）、一正一厢住宅2户（4号、10号）、一正两厢住宅1户（12号）。据里弄内居民描述，福荫里原系陈姓老板所建，4～10号各栋作为职员家眷宿舍，12号为陈氏私宅。

福荫里内的房屋分批次建造完成，1912年8月完成了一正两厢主体建筑的建造，1913年4月完成了西侧附加建筑的建造。在历史图纸中，主体建筑使用了人字屋架，而在1913年的加建建筑中，屋架由半榀穿斗屋架支撑。对比现状，主体建筑的门窗进行了整体替换，二层由原始的4扇窗扇扩为占满整面墙的6扇窗扇。

2. 建筑特征

福荫里12号宅为一正两厢的老式石库门，砖木二层结构，建于1912年。12号宅为老式石库门，天井以大型青条石铺地，建筑的平面形制依旧延续江南传统民居中轴对称的三合院格局，一层遵循着"大门—天井—客堂间及东西两厢房—楼梯间—后天井"的布局，无附房及亭子间。二层平面布局除了正客堂间位置与一层对应外，为满足后期使用需求，在厢房设有多道分隔墙，对空间进行重新划分，导致左右两侧厢房的房间布局与一层完全错开。因该房屋地界的北侧略微向东倾斜，因此东侧后厢房与后部小天井的平面布局略不规整，呈现出三角形的空间布局。在楼梯间的设置上，客堂间正后部设有通往二楼的木质主楼梯，楼梯踏面宽度达到了1.2米，而一般传统石库门楼梯在0.75～0.90米之间。栏杆栏板做瓶式镂空雕刻，刷深色混水漆，扶手立柱上雕刻有中国传统的花卉图案，古朴又富有意趣。12号宅紧贴着西厢房进行了加建，加建部分为两层。在加建部位的二楼有通往其上晒台的木质楼梯，晒台用水泥砌筑，栏杆墙为实砌红砖墙，其上架设铁质晾衣架。整座建筑的屋架仍为传统的木屋架，采用双坡

---

① 中国人民政治协商会议上海市闸北区委员会，闸北区苏河湾建设推进办公室.百年苏河湾[M].上海：东方出版中心，2011：16.

屋顶，其上覆盖小青瓦。

　　建筑装饰方面，客堂间面向天井的一侧设传统的落地长窗，配以彩色玻璃，同时客堂间地面以拼花地砖装饰，色彩丰富。外墙为青砖墙面，建筑腰部饰以突出的红砖线条。大门为传统木质门扇，套花岗岩门框。门头分院内院外两个，院外大门整体为传统的垂花门样式，下垂的柱头部位以花瓣形砖雕支撑，虽已部分缺失，但仍能看出雕刻之精美。门头上部墙面装饰有观音兜式图案。红砖雕刻的方形门头内刻有繁复的西式花纹，正中为一块青砖中式方形字匾，刻有著名书法家高邕所书的"备致嘉祥"四字。字匾右上方直书"壬子仲冬之吉"，左边直书"高邕书"，并盖有一方"高邕"的印章。院门内部门头上有门罩，其上覆盖小青瓦。山墙侧窗上部为砖砌拱形，下部有西式花纹，都为红砖砌筑。12号宅西侧山墙仍然保留为传统的观音兜式，但东立面山墙由于后期经过修缮，原始的清水砖墙已被水泥砂浆覆盖，观音兜式山墙也改为简单的三角形山墙，其上无装饰。福荫里12号宅建筑特征如图7-24至图7-26所示。

图7-24　福荫里12号宅南立面

图7-25　福荫里12号宅外门头，其上书有"备致嘉祥"四字

图7-26　福荫里12号宅内门头

3. 现状

从建筑和装饰特征而言，福荫里12号宅和与它仅有一街之隔的梁氏民宅有较多相似点，通过这两处民居的研究，对了解老闸北人文历史及民居发展有较大价值。福荫里12号宅如今处于闲置状态，前天井内部在院门位置加建了一处房屋，使得整个天井显得逼仄了不少，木质窗扇及窗框存在缺损变形的问题。建筑内部装修较为精致，但由于年代久远，存在一些抹灰脱落、墙体霉变及酥碱的情况。另外，在西侧加建部位，一楼通往二楼的楼梯梯段略微缺损。

7.4 康乐里潘氏住宅

地址：山西北路551弄4号（见图7-27）

建造年代：1914年左右

石库门样式：老式石库门

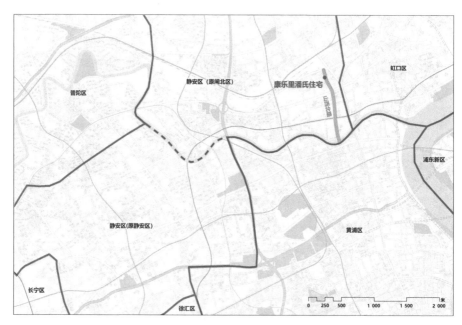

图7-27 康乐里潘氏住宅区位示意图

占地面积：262平方米

建筑面积：347平方米

现有功能：空置

保护级别：静安区文物保护点

历史图纸：图7-28

测绘图：图7-29

1. 历史沿革

1863年9月21日，苏州河北岸7 856亩的美租界并入英租界，并改称为"公共租界"。世袭工部局买办的潘氏一族也随着工部局管辖范围的扩大而逐渐变得显赫。1899年，英商获得了康乐里土地的"永租权"。1908年前后，工部局积极进行越界筑路活动而开辟租界北区，时任买办的潘菊

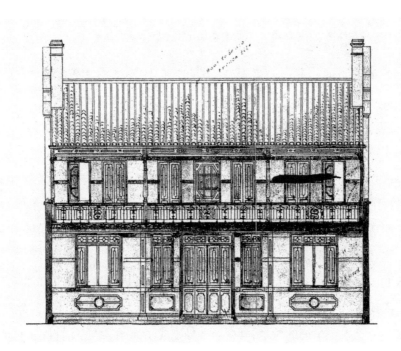

图7-28　康乐里潘氏住宅立面历史图纸[①]

---

① 图片来源：上海市城市建设档案馆。

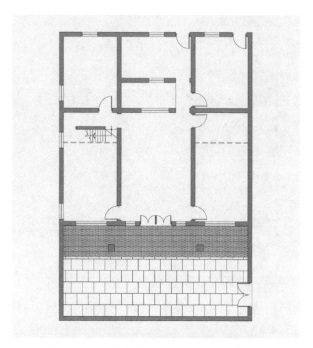

图7-29 康乐里潘氏住宅一层平面测绘图

轩和其弟潘明训筹资在地籍册523号的土地上建造了4条里弄，13座中式房屋。1914年康乐里建成，产权由潘氏亲族共有。潘氏家族中的二房、四房、五房、八房等都曾先后居住在里面。1915年康乐里4条弄堂以及住宅的一张道契^①一同用作了买办的担保。

潘氏家族任职工部局长达87年，直至1941年日军进入上海的公共租界并接管工部局。抗战期间，潘氏家族搬离康乐里，选择去法租界避难。康乐里曾在"八·一三"期间借租给邮政车站支局作为临时办公点和局长办公室。太平洋战争爆发后，日军入驻租界并规定禁止"敌国不动产"一切权利的移让与变更^②。抗战结束后，国民党政府解除了康乐里的敌产证明，潘氏家族中的四房、五房也返回康乐里继续居住。此时山西北路541弄成为沪北中小学校的校址，551弄4号则成了潘明训四子潘世根的会计和

---

① 清末，外国人在中国境内可以随意用永远租用的名义，向业主租赁土地。议妥成交，要由当地的道署发给地契，称为道契。

② 任荣.汪伪统治时期的上海房地产业 [J].民国档案，1994（03）：120–123.

律师事务所的办公场所。561弄8号成了元豫盛酱园通讯处。

1958—1964年，上海市闸北区房管部门对150平方米以上的出租私房采取国家经租形式收租管理。除541弄2号（已成为沪北中小学校）和571弄10号仍为潘家私产外，其余产权均归国家所有。"文革"期间，康乐里被房管局分配给多户居民共同使用。

2. 建筑特征

康乐里位于山西北路551弄，551弄（二衖）中仅有两座院落，2号及4号，都为一正两厢的复合三合院式建筑，其中的4号宅为近代重要买办及律师潘世根的住所。

里弄入口处采用了砖砌发券的做法，弧形拱券上为一石刻字匾，其上书有"康乐里二衖"字样。进入弄内，正对着的是4号宅，右侧为2号，中间的公共空地较为宽敞。4号宅的石库门门扇仍然保持着传统的木质大门，四周套石料门框。门头整体以青红砖砌筑，分上下两层，上层为一块方形石匾，内部刻有复杂精美的图案，下层门头则以红砖砌筑为拱状。上下门头之间以突出的红砖线脚装饰，层次分明。同时，4号宅的石库大门两侧还配有石刻镂雕门柱，这是上海近代三合院建筑中少见的外墙立柱的风格。大门之内为宽阔的天井，以大型青条石铺地。主体建筑为两层的砖木结构。客堂间面向天井一侧开落地长窗，铺彩色马赛克地砖。二层外挑出整面的水泥阳台，配以雕刻精美的铁质镂空栏杆。窗户为中国传统的木制窗，规格不一，有单扇、双扇及四扇几种。整座建筑的墙面为青砖，其上装饰有丰富的红砖线条。山墙为简单的三角几何形并以水泥压顶，上部有繁复的圆形图饰。

康乐里4号潘氏住宅与其他老式石库门相比，最为独特的一点在于它的"无处不雕"，梁、柱、窗、栅，房屋所见之处，无所不雕，无处不刻。主建筑的客堂间墙面四面以楠木雕刻竹子纹饰，至今仍油亮光滑，反映主人追求节节高升的心境。顶面天花也是樟木全幅雕刻，豪华阔气。窗户的格心棂花以菱形、海棠及圆镜三者组合而成，菱形在中国传统吉祥图案中被看作文人八宝之一，海棠被看作"玉棠富贵"的象征，圆镜则代表着团圆美满。三种不同的几何形棂花图案雕刻于成排的窗扇之上，赋予了建筑外立面跳动的韵律和强烈的视觉冲击感。内部门扇则雕刻有花卉图案，体现吉祥富贵的寓意。室内的木质隔断上也雕刻了精美的图案，古意盎然。潘氏住宅建筑特征如图7-30至图7-32所示。

图7-30 潘氏住宅内部天花吊顶

图7-31 潘氏住宅二层西厢房

图7-32 潘氏住宅房间内的壁炉

3. 现状

如今，居住在潘氏住宅中的居民早已搬迁。在一百多年的风雨洗刷之下，这座石库门老宅难掩岁月流逝的痕迹。砖砌的石库门头有多处风化及缺失，二楼阳台上部的吊顶抹灰也因受潮而局部脱落，露出了内部的木条，唯有房屋内部的木雕仍然精美如初。

7.5 均益里

地址：天目东路85弄，安庆路366弄（见图7-33）

建造年代：1929年

石库门样式：新式石库门

占地面积：8 100平方米

建筑面积：12 385平方米

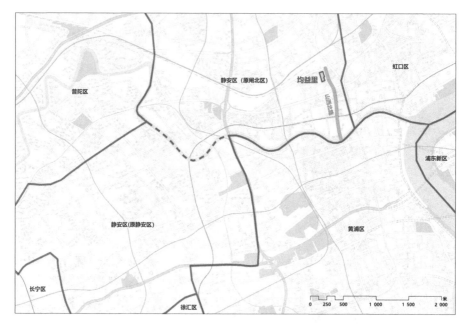

图7-33　均益里区位示意图

现有功能：空置

保护级别：静安区文物保护点

历史图：图7-34、图7-35

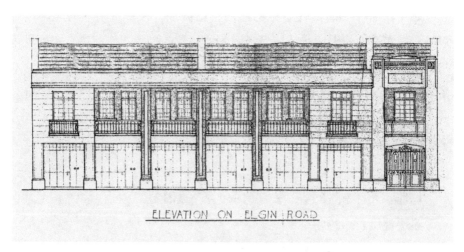

图7-34　均益里安庆路立面历史图纸①

---

① 图片来源：上海市城市建设档案馆。

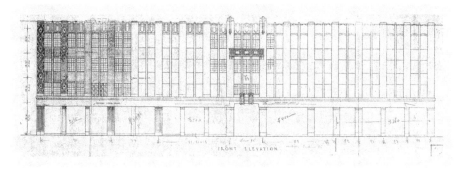

图7-35　均益里天目东路立面历史图纸[①]

1. 历史沿革

安庆路，东起河南北路，西至浙江北路，全长560米，与康乐路和山西北路相交。租界时期，以英国外交官之名命名，称为Elgin Road，1943年改名安庆路并沿用至今。安庆路所在位置原为小河浜，1902年租界工部局开始修筑道路东段，并于1908年继续西段的修筑。1947年翻修为弹石路面，1962年改为沥青路面。道路北侧有富庆里、同发里、均益里、北高寿里（510号）等11条弄堂，南侧有荣庆里、实业里、永寿里、南高寿里（509号）等14条弄堂。

据上海市《闸北区志》记载，1910年盛宣怀出资翻建均益里，并交由润记经租公司负责管理弄堂的出租事宜。现在的均益里是1929年由资本家张鸿坻投资建造的，建在天目东路517号、518号、519号地块上。均益里的改造完成于1931年6月16日，其中开发商曾在1931年3月，补建了7座卫生设施，并对单开间8户、双开间38户、三开间5户等共计51户房进行改造，包括天目东路上的四层公寓楼。1956年，均益里被政府接管[②]。

中国女子体操学校于1908年在均益里开学。中国女子体操学校是我国第一所女子体育学校，校长为王季鲁，其前身是徐一冰、徐傅霖和王季鲁创办的中国体操学校的女子部。随着学生人数的增加，学校迁到了闸北宝山路宝山里，后改名为中国女子体育师范学校，在抗日战争爆发后停办。

---

① 图片来源：上海市城市建设档案馆。
② 曹炜. 开埠后的上海住宅[M]. 北京：中国建筑工业出版社，2004：64.

2. 建筑特征

均益里位于原闸北区老北站的闹市区，主弄贯通了安庆路与天目东路，北口为天目东路85弄，南口为安庆路366弄。整个里弄总占地面积为8 100平方米[①]，弄内房屋呈南北两列纵向分布，一条主弄贯穿其中，宽度为5米左右，以满足车辆出入的需求，支弄则呈鱼骨状分布两侧。里弄内建有后期新式石库门民居共计63个单元，其中单开间单元8个，双开间单元38个，三开间单元5个。每排建筑的单元组合方式多样，有双开间四户、双开间两户、三开间一户、双开间两户及单开间两户的组合方式。南北沿街店铺共计13个单元，总建筑面积达12 385平方米。

均益里的房屋为混合结构的二层立帖式住宅，二楼木格栅直径为15～20厘米，采用方形木料，其上铺木楼板。建筑为四坡屋顶，其上覆盖红色机平瓦，坡屋面做出檐处理，出挑距离为50厘米左右。均益里在安庆路和天目东路各有一处不同样式的弄口过街楼，安庆路弄口过街楼呈现西方古典建筑样式，二层外挑一六边形阳台，其上以篆书书写"均益里"三字，建筑檐口部位装饰有古典样式的花纹。均益里每户住宅的单体平面为典型的后期新式石库门，保持着"天井—客堂间—楼梯间—竖向后天井—灶披间"的布局，灶披间上部搭设亭子间，其上再设水泥制的晒台。三开间住宅每户面积约为266平方米。建筑二层前楼的楼板不再像早期新式石库门那样做挑口的处理，因此建筑一二层连接处十分规整。客堂间及厢房面向天井的一侧开传统的木框玻璃落地长窗，网格棂花样式。总弄两侧的山墙向外挑出方形的水泥阳台，配有雕刻精美的铁质镂空栏杆。

建筑外墙下部为水泥勒脚，外立面整面做黄色水泥拉毛灰粉刷，门窗的矩形洞口使用红砖装饰作为窗套（见图7-36）。竖向的装饰线条使得整座建筑具有上升感，红黄相间的外立面配色也创造了一种亲切活泼的场地感。石库大门装饰较为简单，门头上方以红砖贴面形成半圆形图案，内施菱形砖砌图案，无复杂的砖雕或石雕处理。

---

① 沈华.上海里弄民居[M].北京：中国建筑工业出版社，1993：86.

图7-36　均益里主弄现状

3. 现状

均益里的建筑质量较同时期的石库门更好，形象也更多地表现出了西方建筑的特点，比如简约稳重的外部装饰、四坡机制红瓦屋顶等，而中国传统的建筑元素几乎只能在天井四周寻觅到，比如木质的落地长窗。这一大片位于安康苑旧城改造区域的石库门里弄，见证了老闸北以及老北站地区的发展历史。均益里的居民早已迁出，部分房屋在2016年遭到破坏，但大部分建筑还是保留了下来。

7.6　慎馀里

地址：天潼路847弄（见图7-37）

建造年代：1931年

石库门样式：新式石库门

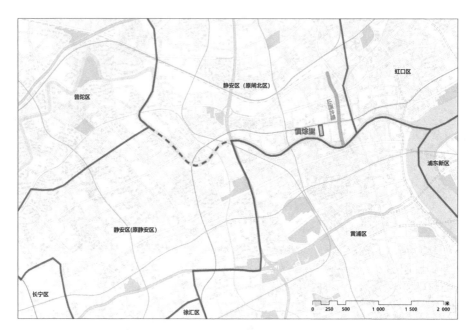

图7-37　慎馀里区位示意图

占地面积：8 160平方米 ①

建筑面积：9 897平方米

现有功能：已拆

保护级别：静安区文物保护点

历史图纸：图7-38

测绘图：图7-39、图7-40

1. 历史沿革

清康熙至同治年间，伴随着老闸、老闸渡、老闸桥的依次建成，闸北地区成为上海县城通往嘉定、太仓、昆山等地的陆路要津，即历史上的老闸镇。因为便利的交通，苏河湾老闸桥地区逐渐繁荣起来。1860年一位唐姓商人在老闸街开设石灰行，并在如今天潼路799弄建造了住房，形成

---

① 中国人民政治协商会议上海市闸北区委员会，闸北区苏河湾建设推进办公室.百年苏河湾[M].上海：东方出版中心，2011：45.

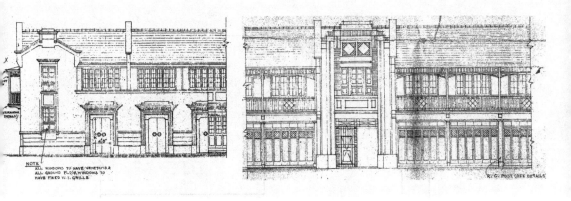

图7-38　慎馀里建筑立面历史图纸^①

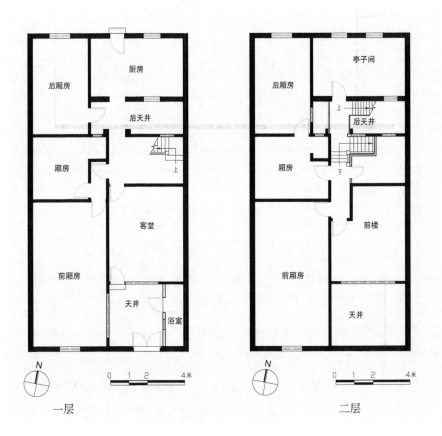

图7-39　慎馀里建筑平面测绘图

① 图片来源：上海市城市建设档案馆。

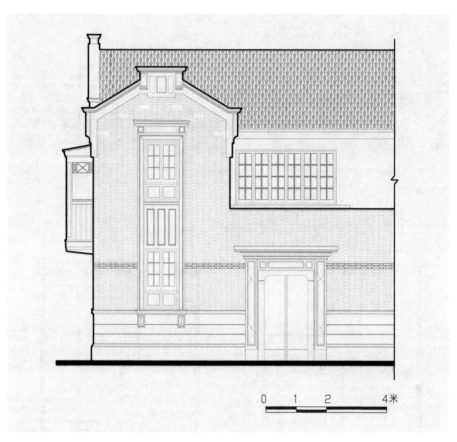

0 1 2 4米

图7-40　慎馀里17号南立面测绘图

了最早的唐家弄，这也是苏河湾城市化进程中最早形成的居民点。

　　天潼路位于老闸北东南部，跨虹口、老闸北两区。清末民初时期已经建有悦来坊、宝庆里、泰安里、慎馀里等20多条弄堂。20世纪二三十年代，大部分弄堂进行了改造，并沿街开设了皮货店、五金店、糖果店及杂货店等多家商行。1936年工部局扩宽路面，改名为天潼路。位于天潼路847弄的慎馀里始建于1923年，并于1931年翻建[1]。慎馀里曾是苏州河畔保存完好的石库门建筑群之一，现因为"苏河湾项目"已全部拆除。华成烟草公司老板戴耕莘、中国经济学名宿薛暮桥、前上海市委副书记孟建

① 马学强.上海石库门珍贵文献选辑[M].北京：商务印书馆，2018：232.

柱、沪剧表演艺术家王盘声等都曾经在慎馀里生活过。

2. 建筑特征

根据行号图记载，慎馀里共计有房屋16幢52个单元，分东西2列，南北8排，占地面积8 160平方米，总建筑面积将近1万平方米。整个里弄呈现规整的矩形，弄道采用鱼骨形布置，主弄宽约3.78米，支弄宽约2.87米，主次分明，结构清晰。慎馀里北达天潼路，南至苏州河，主弄南北两端各设置一过街楼，其上书有"慎馀里"三字，周围以水泥几何纹样装饰。

慎馀里内的石库门为砖木结构两层住宅，红瓦双坡屋顶。里弄内的房屋共有3种开间形式，分别为一正两厢三开间、一正一厢双开间以及单开间，对应的单体建筑面积分别约为400平方米、220平方米以及110平方米。房屋的开间及进深分别在4米及15米以上，与同时期的石库门相比，空间更为宽敞，居住体验也更为舒适，因此当年的慎馀里住户普遍为经济宽裕的殷实富户。根据相关历史记载，在20世纪30年代，慎馀里的许多住户在金融钱庄就职，即使在1949年后的户籍统计中，依然可以发现不少任职于钱庄的金融界人士，这里是金融人才的重要聚居区[①]。慎馀里内的石库门在平面形制上保持着"前天井—客堂间—楼梯及后天井—灶披间"的格局，客堂间内铺方形拼花瓷砖，双开间及三开间厢房部位分为前、中、后3个部分。正屋部分为砖木结构，附屋部分的亭子间及晒台楼板则为混凝土材质。

在具体的建筑构造方面，慎馀里内的所有石库门并不完全相同，这主要体现在正屋和附屋的连接方式以及屋架形制方面。慎馀里正屋附屋的连接方式有两种，第一种是在正屋楼梯间设单独的双跑木质楼梯，附屋部分的亭子间及晒台的上下出入是在横向后天井上设置踏步，与正屋的楼梯间联系起来。慎馀里内的大部分单元采用的都是此种方式。第二种是将楼梯设置在正屋与附屋之间的横向后天井内，其上设有天棚，以解决通风和采

---

① 张秀莉.苏河湾北岸的金融功能与历史遗产[C]//马学强，邹怡.跨学科背景下的城市人文遗产研究与保护论集.北京：商务印书馆，2018：313.

光问题。慎馀里内的40～45号即采用的此种构造方式。在屋架形制方面，除了传统的穿斗式木屋架外，慎馀里内还使用了三角形木桁架的结构。

建筑装饰方面，慎馀里内的石库门外墙为清水青砖墙，白色砂浆勾缝，一层上部用红砖勾勒出建筑腰线，下部做水泥勒脚。石库门门头的装饰较为简洁，为一挑出的水泥长条板。山墙上部呈几字型，以水泥包边压顶。慎馀里在沿主弄东西两侧的房屋二楼均设有外挑的敞廊阳台，水泥直棂式栏杆。阳台上为单坡顶，檐口下部有铁铸的几何形挂落。

3. 现状

慎馀里及其唐家弄周边是老闸北地区最大的石库门群，历经淞沪战争的战火洗礼而幸免于难，实属难得。慎馀里在周边地区的众多石库门里弄住宅中，房屋质量可属上乘，也是沪上较有代表性的新式石库门里弄住宅之一。2005年，慎馀里被列为上海市第四批优秀历史建筑，但是在城市化和旧区改造的大潮中，慎馀里于2013年被保护性拆除。民国建筑群慎馀里正在复建中。复建后的慎馀里将引入文化艺术中心和具有影响力的商业品牌，成为苏河湾文物活化的海派商业文化时尚地标[①]。

---

① 江跃中，顾武. 苏河湾历史建筑保护性开发渐入佳境[N]. 新民晚报，2020-06-1（7）.

第**8**章
茂名北路地区

8.1　上海茂名路毛泽东旧居

地址：茂名北路120弄7号（原慕尔鸣路甲秀里318号，见图8-1）

建造年代：1915年

石库门样式：老式石库门

图8-1　上海茂名路毛泽东旧居区位示意图

占地面积：96平方米

建筑面积：156平方米

现有功能：纪念馆

保护级别：上海市文物保护单位

测绘图：图8-2、图8-3

1. 历史沿革

甲秀里北至威海路，西至茂名北路，于1934年更名为威海路583弄，曾在抗战期间改名为云兰坊。里弄内原有两排坐南朝北的房屋，其中北面一排为两幢三开间三层住宅，门牌号分别为威海路583弄1号、3号。南面的一排为三幢双开间两层高的住宅，门牌号分别为威海路583弄5号、7号、9号。

1924年国共合作时期，毛泽东再次来到上海，成为中央执行部委员会上海执行部的候补执行委员。在此期间，毛泽东杨开慧一家和蔡和森向警

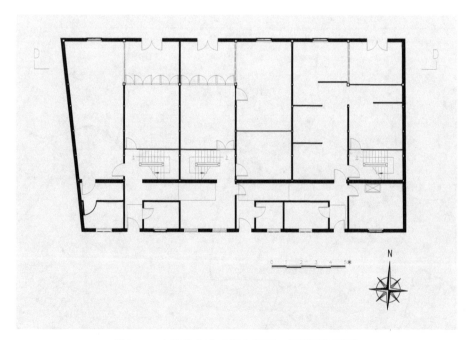

图8-2　上海茂名路毛泽东旧居一层平面测绘图

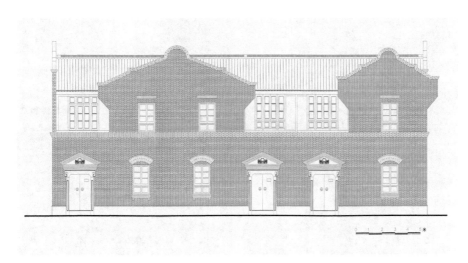

图8-3 上海茂名路毛泽东旧居北立面测绘图

予一家共同居住在茂名路甲秀里的双开间石库门里。毛与杨住在楼下的前厢房，卧室兼书房，两个孩子住在后厢房；而蔡和森夫妇住在楼上厢房。

1964年，上海市委经核定，将南侧5号、7号、9号房屋进行初步修缮。"文革"期间，市文物管理委员会对甲秀里和安义路63号的1920年毛泽东寓所旧址进行了划归管理，直至1977年，将5号、7号、9号的联排三幢石库门确立为市级文物保护单位。1995年，北侧的两幢房屋被拆除。1999年12月，甲秀里威海路583弄5号、7号作为静安区少儿图书馆对外开放。2002年，茂名北路120弄5号、7号、9号作为上海茂名路毛泽东旧居对外开放，展陈史料记录。

2. 建筑特征

上海茂名路毛泽东旧居所处的该排建筑共有3个单元，皆为一正一厢双开间，砖木二层结构，总建筑面积约为576平方米，坐南朝北。

在建筑的空间布局上，大门内有一矩形天井（见图8-4），天井后为客堂间及厢房，横向扶梯在客堂间的后侧用以通向二楼，扶梯间之后有一纵向长方形后天井，旁边为单层灶披间，灶披间之上无亭子间，而是露天晒台（如今用作休息平台使用，见图8-5）。由于屋顶采用的是硬山形式，厢房与正房呈丁字交接，因此整幢建筑4个立面都有山墙，与石库门一起形

图8-4　上海茂名路毛泽东旧居入口处　图8-5　上海茂名路毛泽东旧居灶披间上
大门　　　　　　　　　　　　　　方的露台如今用作休息平台使用

成了独特的装饰效果。前厢房的山墙采用的是巴洛克式观音兜，也称带肩
观音兜，因此从建筑东、西、北3个立面看到的都是此类山墙，南侧立面
也即后厢硬山则是由山墙直接升高形成，没有采用观音兜的形式，表现为
简单的三角形山墙。

　　建筑外墙以实心黏土砖砌筑，并做仿青砖贴面处理。外墙面简洁、朴
素，没有过多的复杂装饰，仅在窗上梁配以红砖线条装饰，四皮红砖平
砌，同时在建筑的腰部有突出的红砖线脚。门窗装饰上，一层外立面窗过
梁采用红砖拱券，配以木质窗扇，外套百叶窗。一层厢房窗下墙为石质墙，
四周雕刻有精致的花朵图案。二层窗下墙为板条隔墙，上刻有精致的回字形
花纹，挑口部位还装饰有多重雕花线脚（见图8-6）。天井内采用传统的隔
扇门，石库大门门头为红砖砌筑，呈三角形样式，现其上饰有西式雕花，但
根据史料记载，原始三角形门头内并无雕花，为后期修缮时另加。

3. 现状

该处建筑自1915年建成以来一直作为普通住宅使用，1998年被改建为上海茂名路毛泽东旧居陈列馆，直至今日仍对外开放（见图8-7、图8-8）。建筑一楼展厅为主题陈列室，介绍了1924年2月至年底毛泽东在上海期间的工作、生活情况。二楼设有《毛泽东在上海》专题展览及蔡和森、向警予专题陈列室。

图8-6 上海茂名路毛泽东旧居二层窗下墙刻有回字形纹样及装饰有丰富的线脚

图8-7 上海茂名路毛泽东旧居建筑现状

图8-8 上海茂名路毛泽东旧居如今用作展厅

8.2 震兴里

地址：茂名北路200～220弄（见图8-9）

建造年代：1927年

石库门样式：新式石库门

占地面积：约2 303平方米

建筑面积：3 822平方米

现有功能：住宅

保护级别：上海市优秀历史建筑

测绘图：图8-10、图8-11

1. 历史沿革

1913年原张家花园土地被拍卖，地产商在原有土地上兴建了石库门里弄住宅，沿茂名北路在南端建造震兴里，由Brant & Rodgers建筑事务所建于1927年，共有3条弄堂。

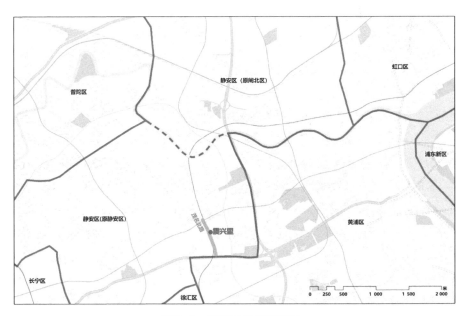

图8-9 震兴里区位示意图

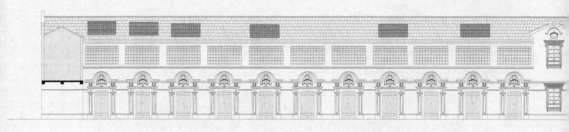

图8-10　震兴里建筑一层平面测绘图

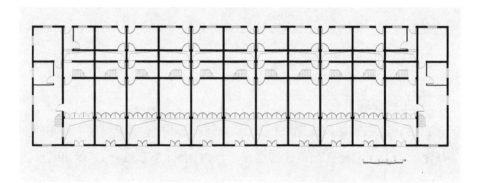

图8-11　震兴里建筑南立面测绘图

2. 建筑特征

震兴里为砖木结构的二层新式石库门里弄建筑群，位于茂名北路200～220弄。建筑西立面一侧朝向茂名北路，并外挑出长方形水泥阳台，四周围有铁质的镂空栏杆。震兴里沿街立面采用红砖装饰，并在山墙上装饰有白色的欧式花带装饰，色彩对比强烈（见图8-12）。同时，弄口设有过街楼，其上的巴洛克式拱券雕刻精美，顶部刻有震兴里的建成年份——1927年。

震兴里共有3排房屋，200弄都为双开间单元，210弄和220弄每排约有10个单元，中间统一为单开间单元，两边为双开间单元。每个单开间单元面阔4.09米，进深14.95米，单元面积约为120平方米。建筑单元平面为典型的新式石库门平面，但是建筑的空间体量较1910—1920年间建造的石库门更为宽敞。客堂间面向前天井开统排的隔扇窗（见图8-13），楼梯间

图8-12 震兴里沿街立面

图8-13 震兴里住宅室内前天井

位于客堂间后部，采用单跑木楼梯直上二楼。正屋与附屋拉开1.4米的距离，形成横向的后天井，为附屋部分的亭子间及灶披间提供采光和通风，同时在二楼后天井处另外搭设楼梯，通往附屋部分的亭子间及晒台。亭子间与正屋二层并不存在高差，因此建筑背面与正立面一样，为二层楼高。双坡屋顶，铺红色机平瓦。

建筑外立面一层为水刷石墙面（见图8-14），并进行了仿石分割处理，同时局部采用拉毛灰粉刷，二层立面原本为红色清水砖墙，后期用灰色拉毛灰进行饰面粉刷。大门为拱形门头（见图8-15），其中雕刻有西洋风格的彩带风铃图案。大门还配以水刷石窗套、木质门窗，外罩百叶窗扇。

3. 现状

如今震兴里整体的保存情况较好，紧靠南京西路，周围基础配套设施较好，是热闹的住宅区（见图8-16）。但是，建筑存在原始门扇被替换为铁皮门及红木门的情况，同时门头有风化、受潮等病害。为了增加居住面

图8-14 震兴里住宅建筑北立面

图8-15　震兴里住宅大门及山墙部位

图8-16　震兴里里弄生活

积，震兴里原晒台部位大多被改为居住房间，这对建筑的整体风貌造成了一定的影响。

8.3　荣康里

地址：茂名北路230～250弄（见图8-17）

建造年代：1923年

石库门样式：新式石库门

占地面积：约2 058平方米

建筑面积：3 612平方米

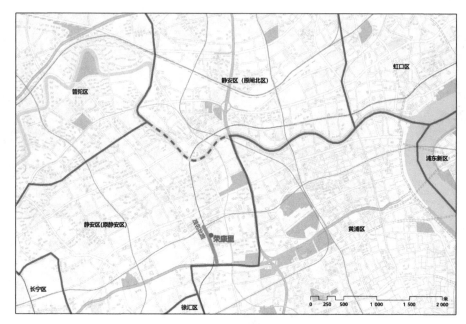

图8-17　荣康里区位示意图

现有功能：住宅

保护级别：上海市优秀历史建筑

测绘图：图8-18、图8-19

1. 历史沿革

1913年原张家花园土地被拍卖，地产商在原有土地上兴建了石库门里弄住宅。荣康里有3条弄堂，由Graham-Brown & Wingrove建筑事务所设计建造。

2. 建筑特征

荣康里位于茂名北路230～250弄，为新式石库门里弄（见图8-20）。3排房屋按东西方向排列，每排由4～5个石库门单元组成。石库门坐北朝南，为砖木结构的二层建筑。屋架为人字形，双坡屋顶，铺红色机平瓦。建筑在沿茂名北路一侧的山墙上设有露天阳台，四周有铁艺栏杆（见图8-21）。

荣康里与其周围同一时期建造的震兴里和德庆里相比，建筑体量更

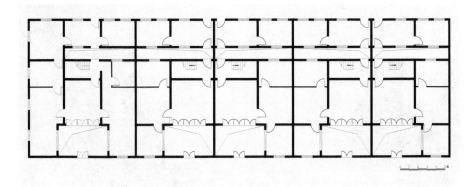

图8-18 荣康里建筑一层平面测绘图

图8-19 荣康里建筑立面测绘图

大，建筑细部装饰也更为精致。震兴里和德庆里都由单开间和双开间石库门组成，而荣康里的每排房屋都由三开间或双开间组成，每间石库门进深约为15米，三开间面阔12米，双开间为8.6米。一般的新式石库门前天井面积约为12平方米，而荣康里的石库门前天井面积则达到了17平方米，因此客堂间的通风及采光条件更为优越（见图8-22）。厢房分前中后3个部分，楼梯间设置在室内客堂间后部，通过木楼梯上至二层前楼。客堂间后部为一横向后天井，再其后为灶披间。亭子间为一层，通过在后天井上方设置混凝土楼梯，将其和正屋部分联系起来。亭子间上部的晒台为混凝土浇筑，四周围有实砌砖墙。虽然与震兴里和德庆里一样，荣康里内石库门的亭子间层数也为一层，但是正屋和附屋部分存在高差。这样压缩了亭子间的高度，但这种设计对附屋部分的日照、采光和通风均有利。同时，正屋和附屋的楼面不在同一高度，可以减少彼此之间的干扰。

图8-20　荣康里里弄

图8-21　荣康里住宅大门及厢房侧山墙

图8-22　荣康里住宅前天井

建筑立面原为青砖清水墙，采用红砖清水腰线，部分立面后期由于修缮的原因被改为水泥抹面。在前天井四周，二层的窗下墙已经不再是之前的板条墙，而是改为了砖砌墙，表面做水泥抹灰处理。建筑装饰方面，整个石库门门头高达4.8米，门头做成拱形，内部雕刻有西式的花朵飘带图案。大门门框为石料，两侧配有水泥门柱。正立面山墙上的窗套雕刻有同样的花朵飘带图案，十分精美。

3. 现状

荣康里与德庆里、震兴里同为上海市第三批优秀历史建筑，规模较大，沿着茂名北路东侧呈行列式排列。沿街立面均采用西方古典装饰符号，强调线脚各异的三角形山墙，弄堂口均有巴洛克式的门楼，是静安区保存较好的大型新式石库门里弄住宅群（见图8-23）。

图8-23　荣康里沿街立面

8.4　德庆里

地址：茂名北路264～282弄（见图8-24）

建造年代：1925年

石库门样式：新式石库门

占地面积：约1 938平方米

建筑面积：3 258平方米

现有功能：住宅

保护级别：上海市优秀历史建筑

测绘图：图8-25、图8-26

1. 历史沿革

1913年原张家花园土地被拍卖，地产商在原有土地上兴建了石库门里弄住宅。沿茂名北路的德庆里有6条弄堂，现仅剩余3条弄堂。

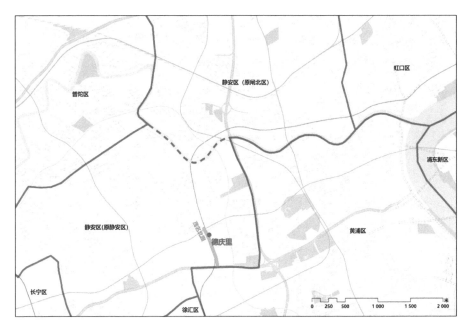

图8-24 德庆里区位示意图

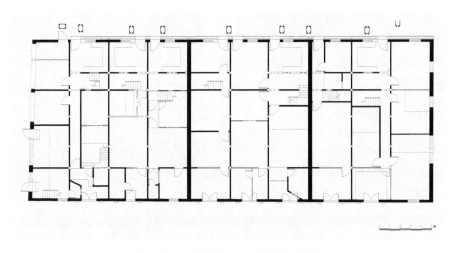

图8-25 德庆里建筑一层平面测绘图

2. 建筑特征

德庆里位于茂名北路264～282弄，共有3排房屋，每排房屋由8个单元组成，中间为单开间单元，两端为双开间单元。单开间单元进深14.5米，面阔4.1米，建筑面积约为119平方米。建筑采用西方联排式布局，坐

图8-26　德庆里建筑南立面测绘图

北朝南，共两层，为砖木混合结构，屋架均采用人字形木桁架结构，屋顶为灰色机平瓦双坡顶。德庆里西侧沿街立面设有两处过街楼，为西方古典样式，其上设有矩形窗。西立面外挑出阳台，上覆小坡顶，并设铁艺栏杆。

德庆里内的石库门建筑（见图8-27），每户经由大门进入前天井，然后依次穿过客堂间、楼梯间、后天井，到达最后的灶披间。前天井高度与二层窗台平齐，约4.9米高。附屋部分与正屋拉开约1.6米的宽度形成横向后天井。亭子间与正屋二层无高差。楼梯间的设置有两种方式，第一种是设置在客堂间后部，通过木质单跑楼梯直上二楼，通过架设在二楼后天井处的混凝土楼梯到达亭子间顶部的晒台（见图8-28）。第二种是将楼梯挪出正屋，设置在后天井，以扩大正屋客堂间的使用面积。建筑的山墙随着坡度的升高做成尖角形，上施水泥压顶。

德庆里立面一层如今为水泥粉刷墙面，南立面二层墙面有些为拉毛墙面，北立面二层则为黄沙水泥分缝墙面（见图8-29），一二层间设线脚。石库门采用5厘米厚的杨松木板，配水泥门框，外设水刷石壁柱。矩形门头部位的装饰较为简单，其上仅施多重线脚。建筑立面二层所开窗洞均为方形，有多种规格，窗洞内安木窗。

3. 现状

德庆里在历史上曾有7排房屋，由于城市开发建设，如今保留有264～282弄的3排房屋，仍作为住宅使用。沿茂名北路一侧为商铺，开设有餐饮店、杂货店、五金店等店铺（见图8-30）。房屋的外立面经过统一的修缮，保存情况较好，但是内部存在木柱及木楼梯腐朽等问题。

图8-27　德庆里石库门

图8-28　德庆里住宅后天井中设置了木楼梯通往二楼前楼及亭子间，并架设混凝土楼梯通往晒台

图8-29　德庆里住宅建筑北立面

图8-30　德庆里沿街立面

8.5　张家花园

地址：威海路590弄（见图8-31）

建造年代：1920年

石库门样式：新式石库门

占地面积：19 804平方米

建筑面积：不详

保护级别：静安区文物保护点

1. 历史沿革

作为清末上海首屈一指的市民活动场所的张家花园，有着"海上第一名园"的美誉。初始时期占地20亩，鼎盛时高达70亩。直至1919年，因上海公共游乐园艺场所布局的变化，张家花园逐渐衰落，原有基地被逐块

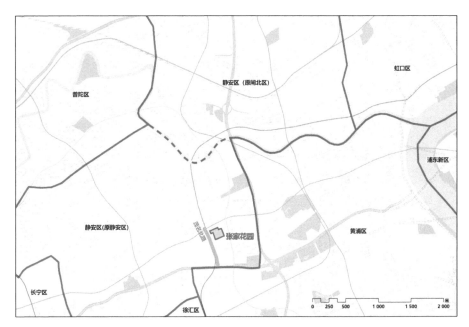

图8-31　张家花园区位示意图

变卖[①]。

　　19世纪末，上海租界区内已颇具规模，而租界周边的现静安区一带仍是农地，保留着江南水乡的气息。后租界当局进行了填浜筑路、越界建楼等行动，使得现南京西路一带涌现了多处私家园林和巨贾之家，成为外国人享受田园生活的豪宅区[②]。

　　1882年，无锡富商张叔和从英国商人格鲁姆（Groome）手中买下了一块花园住宅地，并取名为"味莼园"，人称"张氏味莼园"，简称"张园"。初时张家花园占地约30亩，仿造西式园林布局，是中西合璧的新式花园。张家花园内曾建有上海最著名的西式建筑"安垲第"，谐音取自"Acadia"，可容纳上千人。张家花园是集各式娱乐为一体的花园，也是新式公共文化的诞生地，聚集了大量的上海市民阶级和精英阶级。截至1894年，张家花园土地已扩张至61.24亩[③]。除新式娱乐外，张家花园也是当时新鲜事物的

①　静安区志编纂委员会.静安区志[M].上海：上海社会科学院出版社，1996：340-342.
②　王曼隽,张伟.风华张园图录[M].上海：同济大学出版社，2013：12.
③　王曼隽,张伟.风华张园图录[M].上海：同济大学出版社，2013：17-25.

亮相地，1886年的电灯试燃，1888年的"照相连景"以及1897年后电影的频繁放映都发生在张家花园①。

1890年至辛亥革命前后是张家花园的黄金时期，后随着沪上新兴娱乐场所的兴起，尤其是哈同花园的建造，张家花园的经营逐渐走入末路。因后期张叔和投资失利，被银行追讨欠款，只得在1919年将张家花园抵押冲债，出售大片园基地②。时值上海城市由东向西扩张的时期，土地价格飙升，仅南京路地段土地价格从1809年至1933年上涨了132倍。因此在1919年张家花园易主拍卖后，该地块成了地产商购置石库门里弄住宅的热门区域。

虽然原有的海上名园已被石库门住宅群所取代，但这个社区还是称为张家花园。随着近年张家花园周围高层建筑的建造，石库门社区空间逐渐被"蚕食"。为保护现有的石库门建筑群，张家花园的南段已经禁止再建造高层建筑。

2. 建筑特征

1）张家花园颂九坊11号、15号宅

地址：威海路590弄56支弄11号、15号

建造年代：1923年

石库门样式：新式石库门

占地面积：401平方米

建筑面积：899平方米

现有功能：住宅

保护级别：静安区文物保护点

历史图纸：图8-32

测绘图：图8-33、图8-34

颂九坊是张家花园地区最为完整的五开间石库门，施工精细，外观优美，设计师为Chow Wai Nan。这一栋五开间石库门后被居民改为三开间加

---

① 张爱华，严洁琼.张园传奇[M].上海：同济大学出版社，2013：159，164，169.
② 王曼隽，张伟.风华张园图录[M].上海：同济大学出版社，2013：40.

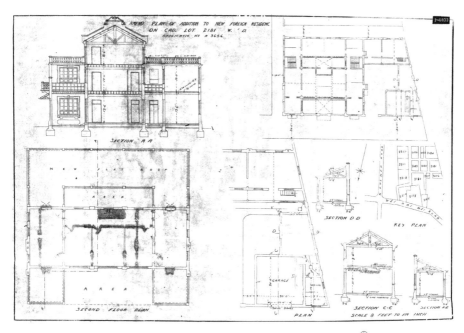

图8-32　张家花园颂九坊11号、15号宅历史图纸[①]

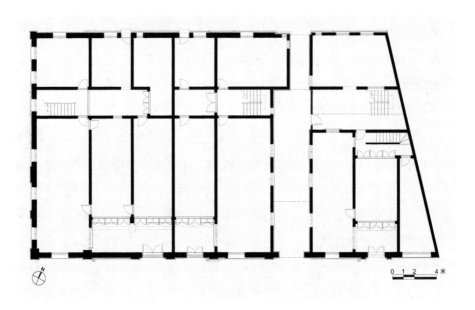

图8-33　张家花园颂九坊11号、15号宅平面测绘图

①　图片来源：上海市城市建设档案馆。

图8-34 张家花园颂九坊11号、15号宅立面测绘图

两开间，中间以分隔墙隔开，门牌号分别为11号、15号。整座建筑体量较大，面阔21米，进深20米，占地面积为401平方米。11号建筑面积约为533平方米，15号为366平方米。建筑为砖木结构，局部有混凝土结构，主要集中在阳台及晒台部位。

建筑为三正两厢房，正房部分为三层（一层层高4.1米，二层层高3.6米，三层层高2.6米），两侧厢房则为两层，建筑平面遵循着"大门—前天井—客堂间—楼梯间—后天井—附屋"的布局，两侧厢房分为前中后3个部分，在后部同样设有通往楼上的楼梯。内天井墙面为清水砖墙面，客堂间大门的门框有精致的水刷石装饰线条。天井地坪为水泥材质，步入客堂间处有石料踏步和落地长窗。客堂间为彩色马赛克平滑地砖，三层厢房均为木地板。客堂间顶部为白色的西式天花装饰。厢房二层之上为宽敞的晒台，四周围有花式的水泥镂空栏杆。同时，在南立面厢房的二层，外挑有两处阳台。屋架形式为三角形，前后双坡屋面，铺红色机平瓦。颂九坊11号、15号宅内外具体布局如图8-35至图8-40所示。

图8-35 张家花园颂九坊11号、15号宅
南立面外挑的水泥阳台

图8-36 张家花园颂九坊11号、15号宅原
始大门

图8-37 张家花园颂九坊11号、15号宅前天井

图8-38　张家花园颂九坊11号、15号宅客堂间（大门四周有精致的线脚，客堂间前还设有台阶）

图8-39　张家花园颂九坊11号、15号宅客堂间地面铺彩色地砖

图8-40　室内西式的天花吊顶

　　建筑整体风格为典型的中西合璧式。主立面与东西立面为灰白色水刷石墙面，并做细致的分格处理；北立面外墙用水泥粉刷。建筑的门楣、檐口、窗套、栏杆部位的分层线脚为精致的水刷石线条，呈现出明显的欧式建筑风格，特别是窗套的三角形山花和二层阳台的涡卷形挑梁具有巴洛克式风格。原建筑外窗为木窗，外刷紫红漆料，个别外窗仍然保留了原始的百叶窗扇。

2）张家花园永宁巷

地址：威海路590弄72支弄11～25号宅

建造年代：1926年

石库门样式：新式石库门

占地面积：1 080平方米

建筑面积：2 241平方米

现有功能：住宅

保护级别：静安区文物保护点

历史图纸：图8-41

测绘图：图8-42、图8-43

　　永宁巷由南北两排房屋组成，共有三开间单元及双开间单元各4个。里弄南面入口处设有过街楼，其上书有"永宁巷"三字。建筑为砖木结构的二层新式石库门，三角形屋架结构，双坡屋顶，其上覆盖红色机平瓦。

　　永宁巷内的石库门体量较大，单体进深约17米，双开间单元面阔8米，三开间为12米，高约12米。单体平面布局上，三开间石库门正房部

图8-41　张家花园永宁巷建筑立面历史图纸[1]

————————

[1]　图片来源：上海市城市建设档案馆。

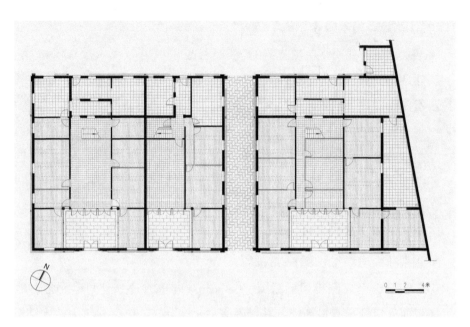

图8-42　张家花园永宁巷建筑一层平面测绘图

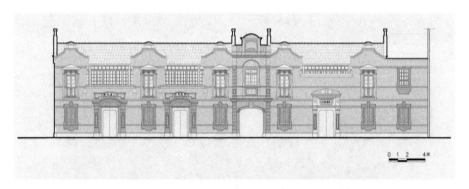

图8-43　张家花园永宁巷建筑立面测绘图

分由前天井、客堂间、楼梯间、横向后天井、灶披间组成，两侧厢房分为前中后三部分，双开间石库门的后天井则是沿着分户墙呈纵向布置。在正屋和附屋的联接方式上，居民通过架设在后天井上方的水泥制楼梯通往亭子间上方的晒台。永宁巷内的石库门附屋和正屋并没有采用高差的处理，亭子间高度等同于正屋二层前楼高度。另外，建筑在厢房的南立面二层外挑出阳台（见图8-44），坡顶檐口下部有镂空的铁艺装饰。建筑装饰方面，石库门外墙为青砖清水墙，装饰有丰富的红砖线条。在每一处的石库门门头上部，都雕刻有字匾，书有"紫气东来"等代表祥瑞的字样，两旁还雕刻有卷草图案（见图8-45）。永宁巷住宅客堂间内铺有拼花地砖，如图8-46所示。

图8-44　张家花园永宁巷住宅外挑的阳台

图8-45　张家花园永宁巷大门部位精美的雕刻

图8-46　张家花园永宁巷住宅客堂间内的拼花地砖

3. 张家花园整体现状

张家花园中大部分石库门如今仍作为住宅使用，这些石库门建筑的外立面以西式风格进行装饰，在空间上又延续了中国传统住宅的基本构成，生活流线遵循了中国江南地区的民居空间秩序，具有典型的中西合璧式建筑风格。但是，因为住户颇多，因此建筑内部的空间分割也较为严重，对建筑的风貌产生了一定影响。同时，由于建筑机能的老化，房屋出现了木柱腐朽、虫害等问题，居住环境早已不似当初那般舒适。

8.6 中共中央政治局联络点遗址

地址：同孚路柏德里700号（今石门一路336弄9号，见图8-47）

建造年代：不详

石库门样式：不详

占地面积：不详

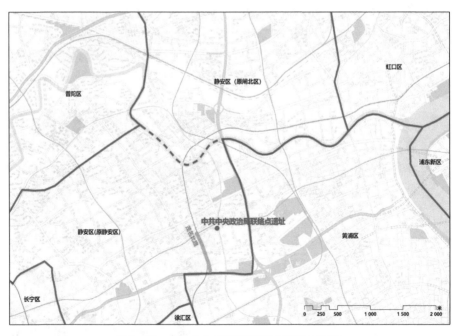

图8-47 中共中央政治局联络点区位示意图

建筑面积：不详

现有功能：已拆除

保护级别：静安区文物保护点

历史图纸：图8-48、图8-49

图8-48　中共中央政治局联络点所在柏德里建筑立面历史图纸[1]

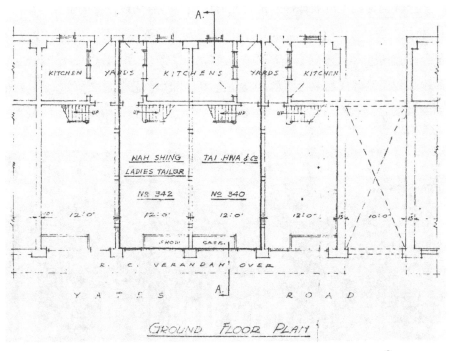

图8-49　中共中央政治局联络点所在柏德里建筑平面历史图纸[2]

---

① 图片来源：上海市城市建设档案馆。
② 同上。

1927年"四·一二"政变后，国共合作全面破裂，共产党工作被迫转入地下秘密进行。1927年8月7日，中国共产党在武汉召开紧急会议，选举产生中共中央政治局，以瞿秋白为主要负责人，并在多次讨论后决定将中央机关迁往上海，以求得对革命力量更好的隐蔽。1927年9月底至10月上旬，中共中央机关陆续从武汉迁往上海，同孚路柏德里700号（今石门一路336弄9号）就是最早建立的中共中央政治局联络点之一。当时的中共中央政治局联络点也称为"中央办公厅"。据《布尔塞维克》的编辑黄玠然回忆，时任中共中央政治局常委、军委书记的周恩来和中共中央秘书长邓小平每天都会到柏德里700号楼上的客堂间办公，听取汇报和解决问题。中央秘书处也会将中共中央机关刊物《布尔塞维克》送到这里，经审定后再转交给毛泽民主管的印刷厂印刷。

这座两楼两底的石库门房屋，当时为掩人耳目是以住家的形式出现的。彭述之夫妇、黄玠然夫人杨庆兰、陈赓夫人王根英，还有法国留学生白载昆，都以房东和房客的身份居住在里面。1928年夏，中共中央秘书处机关改设在青海路善庆坊（今青海路19弄）21号和小沙渡路遵义里11号（今西康路24弄）的石库门住宅中。现随着旧城改造，均已被拆除（见图8-50）。

图8-50　中共中央政治局联络点原址如今已建设成商场

第**9**章

延安中路地区

9.1　四明邨

地址：延安中路913弄（见图9−1）

始建年代：1928—1932年

石库门样式：新式石库门

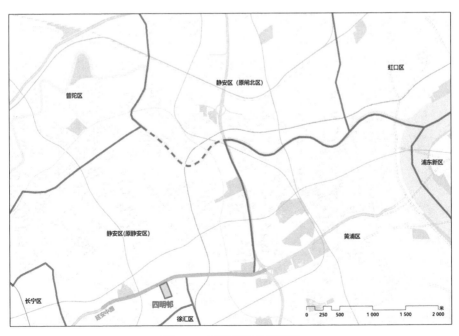

图9−1　四明邨区位示意图

占地面积：15 172平方米

建筑面积：29 150平方米

现有功能：住宅

保护级别：上海市优秀历史建筑

历史图纸：图9-2

测绘图：图9-3、图9-4

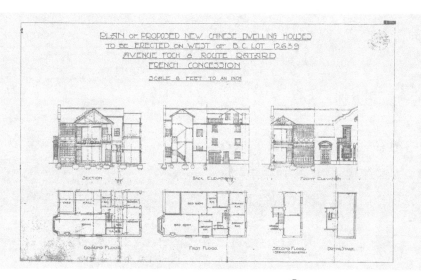

图9-2 四明邨北部建筑历史图纸[①]

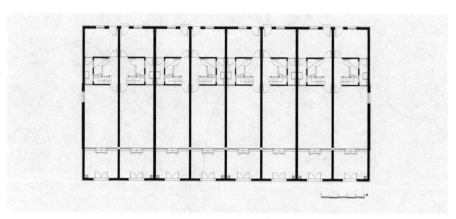

图9-3 四明邨建筑一层平面测绘图

① 图片来源：上海市城市建设档案馆。

图9-4　四明邨建筑南立面测绘图

1. 历史沿革

随着上海工商业的发展和市政交通的提升，上海人口在20世纪初呈现出持续增长的趋势。人口的快速增长也促进了里弄建筑产业的新发展。20世纪二三十年代初，由于外地人口大量涌入上海，城市规模快速扩张，土地价值上涨，新式石库门里弄大量兴建，越来越多的三层石库门住宅替代了原有的二层两厢石库门住宅。这种里弄建筑既满足了资产阶级或富裕家庭的生活需要——配有车库和卫生设备，又提供了独门独户的安全环境。为满足汽车驶入社区的需求，支弄宽度在3米以上，而总弄为了方便汽车掉头可以宽达5米以上。四明邨就是建于这个时期的典型新式石库门里弄。

四明邨位于福熙路和巨籁达路（今延安中路913弄与巨鹿路626号之间）之间，总占地1.93公顷，共有混合结构和砖木结构的石库门民居单元139个，分三批建造而成（见图9-5）。由四明银行投资兴建，故以银行名字命名，由凯泰建筑事务所设计师黄元主持设计。第一批为弄内33～86号，共54个单开间单元，后四明银行在1928年和1932年进行了两次增建。第二批建造的为沿延安中路的1～32号，第三批建造的是靠近巨鹿路的10个单开间、25个双开间、1个三开间和1个独立单元。第三批建造的房屋

图9-5　四明邨石库门
历史照片[1]

位于里弄的南段，为高标准住宅，第二批建造的北段属于中等标准住宅，而中间部分的住宅质量则相对较差，靠近巨鹿路路口的独院式住宅是四明银行董事长的私人别墅。

四明邨在建成初期主要是租赁给银行职员和文化界人士。徐志摩和陆小曼曾租住在四明邨923号的一幢三层石库门单元内。当时徐志摩和陆小曼的新房在二楼厢房，一楼厢房是陆小曼父亲的卧室，二楼客堂间作为会客用，二楼亭子间是陆老太太的房间。1931年泰戈尔来上海时，就住在徐志摩的四明邨寓所。另外，居住在四明邨的名人还有鲁迅先生的三弟周建人和儿子周海婴。抗日战争时期，周家共计6口人住在四明邨38号的三楼以及一间亭子间[2]。20世纪90年代四明邨如图9-6所示。

2. 建筑特征

四明邨北接延安中路，南至巨鹿路，一条主弄贯穿里弄南北，支弄呈鱼骨形排列两侧。里弄原本共有12排房屋，东西两列，但后由于延安路扩建，拆除了沿街两排，现余10排房屋。为了满足车辆进出的需求，主弄宽为5～6米，支弄为4～5米。四明邨内的建筑形式主要分为3种：北部两

① 图片来源：上海图书馆。
② 上海市地方志办公室.上海名建筑志[M].上海：上海社会科学院出版社，2005：582-585.

图9-6　20世纪90年代
四明邨主弄照片[①]

层带阳台的双开间新式石库门，中部三层的单开间新式石库门以及南部的
新式里弄住宅。另外，四明邨设有两处过街楼，分别在里弄中部和南部出
口处。过街楼距离地面约4米高，满足一般的汽车通行。过街楼下现多用
于乘凉休憩，成了居民活动的公共空间。

　　北部三排的石库门属于新式石库门，原本的设计都是双开间，但是后
期为了满足房屋租赁需要，9号、10号的户主将双开间改为了单开间，取
消了厢房的设计。建筑为砖木结构，双坡屋顶，由于存在亭子间的高差，
因此表现为前二后三的错层结构。双开间每户面积约为270平方米，各住
户纵向由"天井—厅堂—后天井—附房"的空间序列构成，但由于设置了
车库、卫生间等，平面比一般后期石库门住宅的双开间石库门复杂。院墙
高大，在前天井四周，客堂间面向天井开落地长窗，厢房侧的窗下墙多为
水磨石，一二层之间做突出的多层水泥线脚装饰，层次感分明。车库位于
正房后部，灶披间旁，面积约为14平方米，如今大多改为厨房，卫生间
多位于一楼楼梯间旁。主房一层部分由客堂间和南侧突出的八角形厢房组

---

① 上海市静安区志编纂委员会.静安区志[M].上海：上海社会科学院出版社，1996：
　插页图.

成，后部的附屋部分有车库、厨房、楼梯间、后天井及厕所等空间。一层八角形厢房上方为二层厢房的朝南阳台，围有混凝土栏杆。北侧的亭子间层高比主房要低，入口设在楼梯休息平台处，做成三层，并在三层之上设置了混凝土制晒台。

建筑装饰方面，建筑外墙为清水红砖墙，外刷红色涂料。门窗的西式外框用水泥做仿石处理，外墙底部的仿石墙角线也做得较为厚重有力。门头装饰简洁，仅以一块出挑的水泥板作为门头装饰，配以水刷石门框。山墙最高处有石刻线脚，上部呈"几"字形，有西方古典的圣十字形雕刻。总体来说，四明邨该部分的石库门建筑已经出现了向新式里弄转变的明显趋势，受西方建筑和生活习惯的影响较为深刻，体现为在平面布局上出现了现代化的车库和卫生设备，建筑外立面上大尺度的开窗，钢筋混凝土材质的大量运用，以及中式传统装饰元素的减少。

位于四明邨中部的三排石库门建筑虽然也属于新式石库门，但体现出了完全不同于北三排建筑的风格特征。建筑排列为东列10个单元，西列8个单元，每个单开间单元的占地面积和建筑面积分别约为70平方米和188平方米。单开间石库门的布局如下：一楼客堂间前为天井，后为厨房；二楼前楼用作卧室，另在楼梯间到前楼处设有现代化的卫生间。附屋部分的披屋为三层，底层作为灶披间，上有二楼亭子间和三楼亭子间，亭子间上面设晒台。四明邨作为新式石库门建筑，不同于传统石库门建筑采用的小青瓦，而是改用西式平瓦，重量轻，一般不受坡度限制。

该部分的石库门在建筑装饰方面，外墙为青砖清水墙配清水勾缝，饰以水泥勒脚。正门门框材质为水磨石，外层涂白色抹灰，与黑漆木门形成对比。山墙面向总弄，将山墙高出屋面的部分随坡度的升高，做成尖角形，上口做水泥压顶，以马头墙收顶，该部分的山墙上部无任何装饰。在大门位置，建筑南侧正门均为黑漆木门，门头装饰较为简单，采用了西方的几何形装饰。由于住宅为单开间，正门虽为双平开木门，但宽度也仅供两人通过，后门则为单扇平开实心木门。建筑北侧附屋的窗均为双扇平开窗，窗的制作材料为木材。沿弄底层的窗户，都装有铁窗栅，以策安全。

铁窗栅着重功能而不尚美观，花式比较简单。南侧正屋二楼为木质双扇三联平开窗，作为前楼采光的主要来源。建筑内部楼梯栏杆为木栏杆，直条花纹，扶手直接安装在起步立柱和转角立柱上，质朴简单。四明邨住宅建筑特征如图9-7至图9-13所示。

3. 现状

四明邨作为优秀历史建筑，建筑外部保存情况较好。外墙面经过多次粉刷维修，仍然保持着原来的色调。对于一些特定建筑部位，比如门窗，在经过70多年的使用后有明显的老化痕迹，因此一些门窗被更换成现代化的铝合金门窗，但建筑整体结构依旧保持着原样。建筑底层室内有部分做抬高地面的处理，正门院内铺地多数为石质，但由于风雨侵蚀和人为因素，有一定磨损，且部分住户更换成瓷砖地面。

四明邨作为新式石库门住宅向新里住宅过渡时期的典型里弄，因其分为三期的建造，使得四明邨内拥有三种不同时期缩影的住宅形式，也为追

图9-7　四明邨内的过街楼

图9-8　四明邨北部双开间单元正立面,配有外凸的八角形厢房和阳台。山墙上装饰
有英国圣十字雕刻图样

图9-9　四明邨北部9号、10号由原本的双开间改为单开间

图9-10　四明邨双开间单元天井中一二层之间多重的水泥线脚

图9-11　四明邨中部单开间单元

图9-12 四明邨单开间单元背面

图9-13 四明邨单开间单元山墙

溯静安区住宅发展历史提供了鲜活的样本。四明邨如今仍是居住区，且留有落成初期入住的居民，他们还原着四明邨随着历史演变而不断变化的生活模式（见图9-14）。随着西方生活方式和建筑文化对上海民居建筑的影响，建造于20世纪30年代的四明邨虽重视实用价值，但也最低限度地进行了装饰，反映了近现代民居为了使装饰适合建筑、适合生活环境而对其进行的精简。

图9-14　四明邨主弄现状

9.2　1920年毛泽东寓所旧址

地址：安义路63号（见图9-15）

始建年代：1915年前后

石库门样式：新式石库门

占地面积：281平方米

建筑面积：约554平方米

现有功能：纪念馆

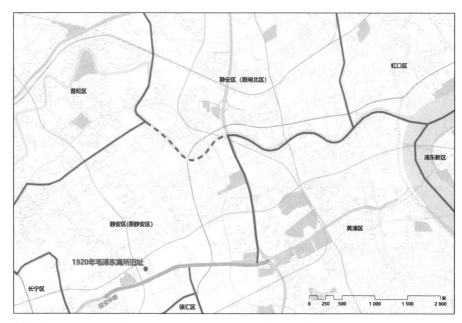

图9-15　1920年毛泽东寓所旧址区位示意图

保护级别：上海市文物保护单位

测绘图：图9-16至图9-18

1. 历史沿革

1915年前后，英籍犹太人哈同建造了民厚南里，该里东通哈同路（今铜仁路）、南临福煦路（今延安中路）、北沿安南路（今安义路）。全里规模较大，共有房屋二百余间，曾住过毛泽东、施蛰存、戴望舒、田汉、张闻天、郁达夫等名人。后因军阀徐世昌、曹锟封哈同妻子为慈惠夫人、慈淑夫人后，哈同所有的房产都改成以慈字当头，民厚南里也改名为慈厚南里。慈厚南里曾有两套门牌号，一套是哈同为了收房租使用的，另一套是当时租界工部局收房捐使用的。工部局的门牌号在1934年以后重新编过。后上海革命历史纪念馆调查小组在安义路63号找到了遗留下来的哈同使用的门牌号码"民厚南里29号"。

据李思安回忆，民厚南里29号是她作为"驱张代表团"成员在上海出面租借的，用作湖南改造促成会会员到上海活动的住处。1920年5月5日，

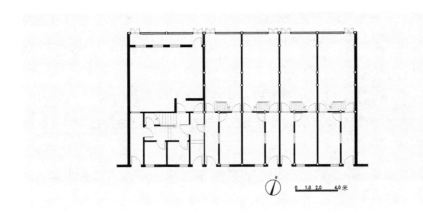

图9-16　1920年毛泽东寓所旧址一层平面测绘图

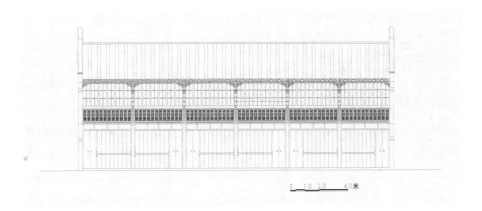

图9-17　1920年毛泽东寓所旧址北立面测绘图

图9-18　1920年毛泽东寓所旧址南立面测绘图

毛泽东抵沪，开展了驱逐湖南军阀张敬尧的斗争活动，探讨了湖南改造问题，并参加"半淞园会议"，讨论了新民学会会务问题，直至7月离开上海，期间的两个月都是居住在哈同路民厚南里29号，即今安义路63号① （见图9-19）。毛泽东曾说过，这个时期在他一生中可能是关键性的时期。1959年，安义路63号1920年毛泽东旧居被上海市文物管理委员会列为上海市文物保护单位。

上海革命历史纪念馆调查小组查访时，除安义路63号是作为庵堂使用

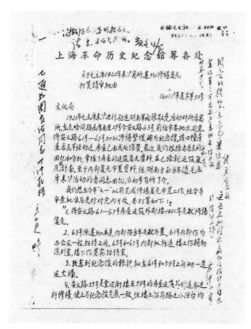

图9-19　1960年2月上海革命历史纪念馆筹备处关于毛泽东1920年来沪寓所遗址（安义路）修缮复原打算的请示②

外，其他临街一排57～67号均是作为民居使用。1960年上海文物局收回61～67号四幢房屋，迁出原居民，并计划复原63号（见图9-19），将61号改作办公室，65号和67号用作接待。由上海民用设计院的工程师进行复原设计，至1961年修缮工作全部完成，但并未对外开放。1963年国家文物局对于安义路63号的开放给出了否定意见，致使安义路63号建筑空置，仅竖有旧居碑石。1995年因建造延安中路，周围的老房子均被拆除，只留下安义路61～67号这一排房子。

2. 建筑特征

民厚南里大部分为坐北朝南、砖木结构的穿斗式木构架二层石库门住

---

① 栾吟之，李谧欧. 1920年毛泽东寓所旧居开馆　他在这里居住期间"成为一个马克思主义者"[N]. 解放日报，2013-12-26(5).
② 图片来源：上海档案馆。

宅建筑，仅沿安南路一排为坐南朝北的店房建筑，毛泽东曾经居住过的民厚南里29号即为其中一间。

现存的安义路57～65号为一排单开间的二层石库门民居，共有6个开间，其中65号为双开间，57号、59号、61号、63号各一个开间，开间宽度大约为3.6米。房屋主体采用木结构承重，横墙为五柱落地立帖式构架，圆柱杉木，梢径145毫米。木楼板由杉木长板条组成，楼梯均为木楼梯，外墙面及室内隔墙采用黏土青砖。

该排原用作底层店铺，因此无石库大门及前天井。正屋客堂间前为整排的木质门板，直接面向街道，同时客堂间与楼梯间之间并未设置隔墙。附屋部分为亭子间及晒台。亭子间面积较大，约为10平方米。晒台四周以山墙面女儿墙作为维护结构，上搭木杆晒衣架。每个单元的厨房在2米高处向后弄凸出一条砖砌烟囱，高出晒台1米，丰富了背立面的景观。灶披间旁为一纵向的后天井，进深5米，为灶披间和二层亭子间提供了采光及通风。后天井围墙高度与二层窗盘平齐。建筑二层是统排的落地长窗，外廊挑出1米，下有铁质的雕花斜撑，外廊设镂空雕花栏杆，样式精美。屋面为青瓦屋面，檐口设置镀锌铁皮天沟和落水管。外墙面为粉刷墙面，上部压顶，下部勒脚用水泥砂浆粉刷。1920年毛泽东寓所旧址的建筑特征如图9-20至图9-24所示。

3. 现状

在安义路63号石库门，毛泽东完成了由激进民主主义者向马克思主义者的转变，这间石库门记录了他革命生涯中一段重要的历程，如今作为毛泽东展览馆使用。房屋于1959年被列为上海市文物保护单位，历经多次修缮，房屋结构主要有如下改动：

（1）1960—1961年，大修后基本按原貌恢复，仍保持木立帖结构。

（2）1967年，57号、59号房屋二层搭建阁楼并在屋面新建老虎窗。为增加59号房屋使用面积，在亭子间搭建阁楼，将原平晒台改为坡屋面。

（3）1982年，为改善57号、61号房屋居住条件，将木晒台改为混凝土晒台，并在东山墙开两个窗洞。

图9-20 1920年毛泽东寓所正立面

图9-21 1920年毛泽东寓所挑出的
二层阳台

图9-22 1920年毛泽东寓所背立面，凸出的烟囱

图9-23 1920年毛泽东寓所一层客堂间，如今用作展览馆

（4）1995年，民厚南里拆迁，房屋东侧过街楼被拆除。

（5）2000年，将65号房屋由原两开间改为一开间，将其结构体系由原立帖承重结构改为砖混砌体结构，而其屋面仍与57～63号相同。将63号房屋东、西立帖墙体由原5寸[①]墙加厚为10寸墙，仍保留木立帖，将北立面原木牛腿改为钢筋混凝土牛腿。同时修复东山墙并重新砌筑山头。将57号房屋天井西墙由原5寸墙加厚为10寸墙，并将厨房

图9-24 1920年毛泽东寓所纵向后天井

---

① 1寸=33.3毫米。

间隔墙由板条墙改为砖墙。

（6）2007年，对整排建筑进行结构勘测及加固，确保房屋在周边高层建筑的开发下得以保存完好。

9.3 多福里

地址：延安中路504弄（见图9-25）

建造年代：1930年

石库门样式：新式石库门

占地面积：约7 200平方米

建筑面积：不详

现有功能：住宅

保护级别：上海市优秀历史建筑

测绘图：图9-26至图9-28

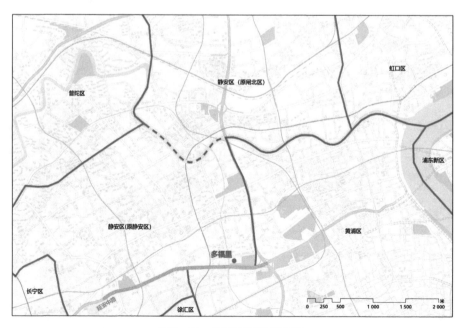

图9-25 多福里区位示意图

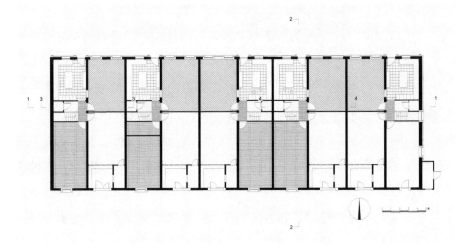

图9-26　多福里建筑一层平面测绘图

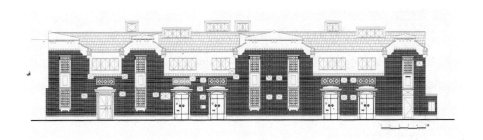

图9-27　多福里建筑南立面测绘图

图9-28　多福里建筑北立面测绘图

1. 历史沿革

多福里的房屋均为砖混结构，建成于1930年。1999年，多福里与汾阳坊、念吾新村一同被公布为上海市优秀历史建筑。

位于多福里内的21号为一座双开间石库门住宅，原是八路军驻沪办事处（兼新四军驻沪办事处）。1936年潘汉年来到上海，并开始担任上海办事处主任。后李克农来上海，在福煦路多福里21号（今延安中路504弄21号）设立红军驻沪办事处，对外宣称"李公馆"，秘密开展工作。1937年8月，国共合作达成，组成抗日民族统一战线，并将中国工农红军主力部队改编为国民革命军第八路军，而原中共上海办事处、红军驻沪办事处成了公开的八路军驻沪办事处。八路军驻沪办事处由周恩来直接领导，潘汉年、李克农、刘少文先后任办事处主任，从事抗日宣传工作。办事处是对外活动的公共机关，当时内部按照普通住家模式进行布置，底楼东厢房用作会客室，二楼厢房则为李克农、赵瑛夫妇居住的卧室，后来由刘少文继续使用居住，二楼后房为发报员兼译电员朱志良的宿舍。1937年11月，日军占领上海，八路军驻沪办事处被迫转入半公开和地下活动，并迁至萨坡赛路264号（今淡水路192号）。直至1939年新四军开辟了江南和苏北抗日根据地，驻沪办事处才彻底撤销。1962年，多福里21号被公布为上海市文物保护单位。

2. 建筑特征

多福里现存东西两列共4排石库门建筑，坐北朝南。作为典型的新式石库门里弄，多福里的总体布局有了明显的总弄和支弄区别，按鱼骨形排列。其建筑特征如图9-29至图9-31所示。

砖混结构石库门里弄，建筑形制都为一正一厢的标准双开间，两个双开间石库门组成一幢石库门建筑。多福里内每个单元的平面形制都保持了"天井—客堂间—楼梯间—附屋"的格局，同时为节省空间，把厕所建在楼梯间转角平台的下方。在天井部位，多福里内的石库门单元之间筑起了高约4米的围墙，保证了住宅的私密性。客堂间由江南民居的厅堂演变而来，是整幢房屋的交通枢纽，侧门连接厢房，后门连接扶梯间。多福里的前客堂间宽约4 m，深约4.8 m，前客堂间装有落地长窗，有需要时可以拆卸，以打通天井和客堂间空间。面向天井的一二层之间

图9-29 多福里住宅天井周围高大的围墙

图9-30 多福里住宅位于后天井通往三楼晒台的水泥楼梯,配以铁质栏杆

图9-31　多福里简约的石库门门头式样及水磨石门框

部位采用简单长方形的几何装饰。早期在进深较大的厢房中常配飞罩和挂落，起着隔断空间的作用，多福里的厢房则趋于简洁，少用装饰。晒台设于亭子间上，采用钢筋混凝土结构，整洁牢固。晒台楼板为现浇的钢筋混凝土形式，做泛水地坪，晾晒衣服即使滴水也无妨，周围建钢筋混凝土栏杆，其上有铁质晒衣杆。在正屋与附屋的连接方式上，多福里的正屋与附屋之间拉开了1.5米的间隔，形成横向的后天井，附屋部分的亭子间及晒台的上下通过在后天井搭设混凝土楼梯与正屋部分的木质楼梯相连。

外墙面用材方面，下部墙面为红砖，上部墙面为青砖，外部统一饰以红色抹灰层，并以白色砂浆勾缝。建筑装饰方面，多福里住宅的门头部位并未进行复杂的装饰，而是受到西方建筑风格的影响，采用简单的方形和X形装饰；门框做多重线脚，材料采用水磨石；门扇双门对开，采用5厘米厚的实木制作，以木摇梗启闭，门面涂以黑色油漆，门上有铜制或铁制门环一对。山墙面饰以红色抹灰和白色勾缝，上部山花采用三角形、长方形、半圆形、弧形凹凸花纹和多重线脚进行装饰。

3. 现状

多福里里弄作为新式石库门建筑代表，保存完好，社区建设完整，居住环境适宜，是近百年来上海人生活的空间，深深地打上了各个时期的烙印。这里与普通市民阶层的生活记忆紧密联系，是上海居住街坊和城市的代表性元素。

9.4 汾阳坊

地址：延安中路540弄（见图9-32）

建造年代：1929年

石库门样式：新式石库门

占地面积：约2 300平方米

建筑面积：不详

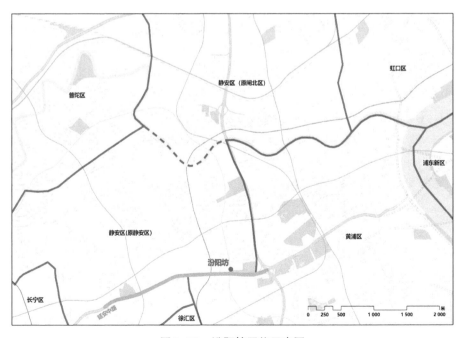

图9-32 汾阳坊区位示意图

现有功能：住宅

保护级别：上海市优秀历史建筑

历史图纸：图9-33

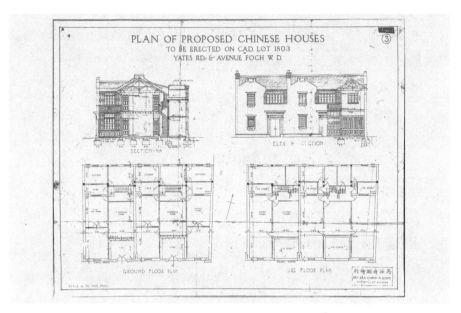

图9-33　汾阳坊石库门建筑设计图纸[①]

1. 历史沿革

汾阳坊名字据悉是取自"福、禄、寿"三全的汾阳郡王郭子仪的典故。汾阳坊是由马汝舟测绘行设计的砖木结构的新式石库门里弄建筑，于1929年建成。1999年，汾阳坊与多福里、念吾新村一同被公布为上海市优秀历史建筑。

2. 建筑特征

在20世纪30年代左右，小家庭结构模式已是房地产开发市场的主要受众。与念吾新村和多福里一样，这一片石库门里弄的居民多为三或四口之家的小家庭，为了适应居民的居住需求，汾阳坊的模式是双开间为主的小规模联排式里弄。汾阳坊主入口朝南，最南侧的两排建筑因延安中路建

――――――――――

① 图片来源：上海市城市建设档案馆。

设工程而被拆除，如今保留了东西两列、南北三排的建筑，有一正两厢三开间单元6个、一正一厢双开间单元5个。汾阳坊弄口如图9-34所示。

图9-34　汾阳坊弄口

　　建筑采用砖木结构，总平面布局总体上仍旧延续着江南民居中轴对称的模式，天井四周设落地长窗，单元院墙较高。汾阳坊作为新式石库门相对老式石库门在内部结构上的最大变动，是后面的一层附屋改坡顶为平顶，并在上面搭建一间小卧室，即亭子间。亭子间屋顶采用混凝土平板，周围砌以栏杆墙，作为晒台用。天井提供日常生活中不可缺少的室外活动场所，保持了住宅与自然的联系，又有别于户外嘈杂的公共环境，是一种沟通内外的特殊过渡空间。汾阳坊保留了前后两个天井，前天井的基本功能是改善室内的通风与采光条件，并提供住宅内部的露天活动场所，同时也使弄堂的公共室外空间与住宅的内部空间之间有一个过渡。面积虽不大，却巧妙地达到了空间循序渐进的效果。后天井位于楼梯间后部，进深仅为前天井的一半，主要用来满足附房房间通风与采光的要求，同时也解决了由于进深过大而带来的室内空间过于沉闷的问题。

图9-35 汾阳坊住宅前天井

汾阳坊的外墙面以青砖为主，以红砖进行装饰，白色水泥砂浆勾缝，墙角做圆角处理。受西方建筑装饰风格的影响，汾阳坊石库门的门头装饰已经不同于老式石库门繁复的花鸟虫鱼雕刻，而是采用简单的三角形山花门楣，内部装饰有多重圆形线脚，并配以简化的石砌门框，以及水磨石立柱。山墙高出屋面，随坡度的升高做成"几"字形，上施水泥压顶，顶部墙面有方形图案装饰。屋顶采用双坡复折式，铺红色机平瓦覆顶。汾阳坊具体建筑特征如图9-35至图9-38所示。

图9-36 汾阳坊住宅晒台

图9-37　汾阳坊建筑的山墙及墙面装饰　　图9-38　汾阳坊住宅大门

3. 现状

汾阳坊如今的整体保存情况较好，门框、门楣以及半数原始门扇保存良好，剩余门扇已更换为铁门。主立面窗、屋面状况良好，外墙面已修缮，并在表面粉刷装饰层。外窗为钢窗，内部为木窗，保留了原有石质窗套。

随着后期城市人口的大量增长，为了满足居住需求，汾阳坊内部因此存在各种各样的空间分割情况，比如一层夹层加建、顶部阁楼加建等。熙熙攘攘的里弄也成为上海民间生活风情的象征。

9.5　念吾新村

地址：延安中路470弄（见图9-39）

建造年代：1930—1932年

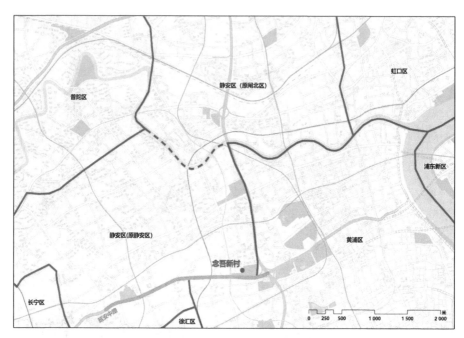

图9-39　念吾新村区位示意图

石库门样式：新式石库门

占地面积：1 870平方米

建筑面积：不详

现有功能：民用住宅

保护级别：上海市优秀历史建筑

测绘图：图9-40至图9-42

1. 历史沿革

20世纪20年代左右，上海滩"颜料大王"之一的邱氏兄弟中的邱倍三之子邱长吾在发家后开始投资地产业，并于20年代末从其商业伙伴马汝霖手中买下了福熙路470弄的地皮。1930年开始建造与汾阳坊和多福里外观相同的新式石库门里弄"念吾新村"，并于1932年竣工，大部分用于出售，小部分用于对外出租。念吾新村的建造工程是由上海伟达房地产公司负责的。因20世纪90年代建造延安路高架须拓宽马路而拆除了南边的几排房

图9-40 念吾新村15号平面测绘图

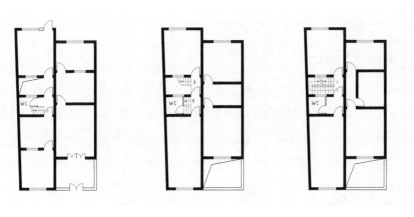

图9-41 念吾新村25号平面测绘图

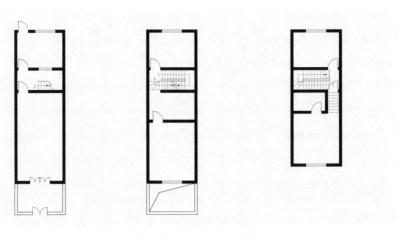

图9-42 念吾新村27号平面测绘图

屋（1～14号），现只保留了15～39号。1999年，念吾新村与多福里、汾阳坊一同被公布为上海市优秀历史建筑。

2. 建筑特征

念吾新村由东西两列、南北两排的二层石库门建筑组成，里弄规模虽然较小，但空间布局较为宽敞，主弄宽度为4.5米，已能满足停车要求。

石库门开间形制不一，第一排为一正一厢的标准双开间，两个双开间石库门组合成一幢，第二排房屋则都为单开间单元。念吾新村为典型的新式石库门，原始单元平面仍然保持了中轴对称的格局，为"门—天井—客堂间—后客堂间—楼梯间—后天井—附房"，但在楼梯间的位置增设了卫生间，并在二层亭子间上部建造晒台，屋面以混凝土浇筑，取代了老式石库门的木质晒台，四周为砖砌实体栏杆。

建筑为砖混结构，外墙采用清水红砖墙，以白色水泥砂浆勾缝，并在护角处大面积涂抹水泥。外墙转角处采用了圆角的处理方式，在约两米高处与上部墙体形成了弧度较大的三角形内切弧面。石库门大门部位，第一排石库门现为木质门扇，后排房屋则为铁质门扇，石库门框料多为水磨石。念吾新村的门头已与老式石库门有了较大区别，不再使用复杂烦琐的图案，而是采用简单的几何矩形图案进行装饰，并在门头中部挑出来一块宽约30厘米的水泥板。主立面窗尺寸较大，窗套以水刷石砖砌进行装饰，下部饰以几何形图案，木质窗扇，外套铁质防盗窗。山墙上部轮廓线以混凝土压顶，饰为简约的白色菱形图案。采用双坡屋顶，铺设红色机平瓦。具体建筑特征如图9-43至图9-47所示。

3. 现状

念吾新村里弄规模较小，但是建筑细节较为讲究，比如建筑整体红白相间的色彩搭配、干净利落的窗套装饰、线脚密集的山墙顶部等。如今念吾新村的整体保存情况较好，外墙面除了少数部位出现轻微的抹灰风化和脱落外，无明显损害，但一些传统的黑漆木质门扇在使用中磨损较为严重，被替换为铁门，一些木质窗扇也被替换为现代的铝合金窗户。

图9-43　念吾新村住宅晒台

图9-44　念吾新村建筑外墙面以清水红砖
　　　　装饰，水泥护角，折角处做三角
　　　　形圆弧切角处理

图9-45　念吾新村住宅大门部位的木质门
　　　　扇，辅以水刷石门框及简约的几何
　　　　形门头图案，门头中部挑出水泥板

图9-46　念吾新村建筑的水刷石窗套　　图9-47　念吾新村建筑的三角形山墙，上部装饰有简约的菱形图案

9.6　中国共产党第二次全国代表大会旧址及平民女校原址

地址：老成都北路辅德里7弄30号、42～44号（见图9-48）

始建年代：1915年

石库门样式：新式石库门

占地面积：中共二大为54平方米，平民女校为117平方米

建筑面积：中共二大为83平方米，平民女校为194平方米

现有功能：纪念馆

保护级别：上海市文物保护单位

测绘图：图9-49至图9-51

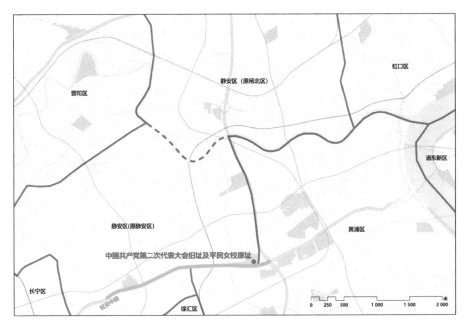

图9-48 中共二大旧址区位示意图

1. 历史沿革

1）中共二大旧址

1922年7月16—23日，中共二大在沪召开，会议在上海老成都路辅德里625号（今成都北路7弄30号）李达寓所底楼客堂间举行。在1915年初建时，这里是作为新瑞和洋行使用的，当时砖木结构的建筑是由英国建筑师G.覃维斯（G. Davies）和J.T.W.蒲六克（J.T.W. Brooke）设计完成的。这幢辅德里的老建筑同时存在三重身份：一是中共宣传负责人李达及其夫人王会悟的住所；二是人民出版社的社址；三是中国共产党第二次全国代表大会会址[①]。

李达和王会悟的寓处是位于辅德里深处的一幢一楼一座的新式石库门建筑。李达租下了一整幢房子并将楼下客堂间作为客厅，二楼为卧室和书房。该寓所位于公共租界与法租界的交汇处，不易引起当局的察觉，法租

---

① 中共上海市委党史研究室，中共二大会址纪念馆. 腾蛟起凤——中共二大历史影像图录[M]. 上海：上海书店出版社，2013：116.

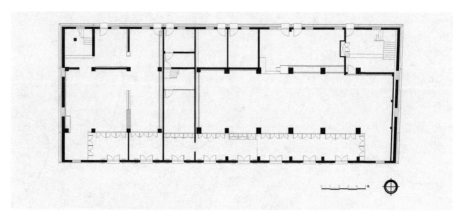

图9-49　中共二大旧址一层平面测绘图

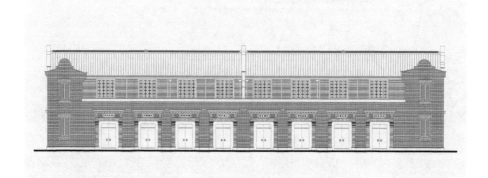

图9-50　中共二大旧址南立面测绘图

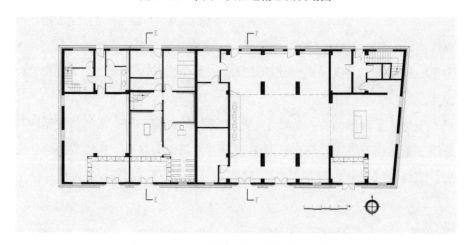

图9-51　平民女校原址一层平面测绘图

界、政府当局和地方军阀的军警特务对这里骚扰也较少[①]，方便陈独秀、张国焘等作为"客人"来此办公，同时也方便外地来沪联系党组织等工作，是当时中央局宣传处的通讯处。房子的前后门均可通行，后门正对平民女校，方便意外情况发生时的疏散，因此该处是很适合召开中共二大的地方。此外，1921年9月1日时任宣传主任的李达在此主持创办了中国共产党第一家出版机构——人民出版社，并在这里主编了《共产党》月刊和出版了马列主义丛书[②]。辅德里的历史照片如图9-52所示。

图9-52 辅德里历史照片[③]

1959年5月，中共二大旧址被公布为上海市文物保护单位，2013年3月被公布为全国重点文物保护单位。

2）平民女校

随着中国共产党的成立，发展工人运动需要更多人加入，其中也需要妇女同志深入纺织厂等地开展工作，故李达和陈独秀决定在上海筹建一所女校，用以培养妇女运动的干部和人才，深入基层开展妇女运动等工作。后李达租下了辅德里632号（今老成都北路7弄42～44号）的两楼两底的石库门用作女校的校舍。1921年12月上海《民国日报》《妇女声》登载了招生广告。1922年2月，第一所培养妇女干部的学校——平民女校正式开学。这所名义上由上海中华女界联合会主办的妇女学校，实则由中央局直

① 叶薇.辅德里：小寓所里的二大会址——探访李达王会悟夫妇住处旧址[N]. 新民晚报，2018-01-15(3).
② 中共上海市委党史研究室，中共二大会址纪念馆.腾蛟起凤——中共二大历史影像图录[M].上海：上海书店出版社，2013：116.
③ 同上。

接领导创办，在开展多种课程的同时还十分重视传播马克思主义和分析时事政治。1922年底，因经费拮据等原因平民女校停办，部分学生进入上海大学。

虽然平民女校没有维持很长的时间，但在工人运动、妇女运动、教育发展史中发挥了重要的作用，如著名作家丁玲、著名教育家王一知等都曾在那里就读。1959年5月，平民女校旧址被公布为上海市文物保护单位。

2. 建筑特征

中共二大旧址，即李达寓所所在的该排建筑为典型的新式石库门里弄建筑，中部为6个单开间，两端为双开间。该间石库门建筑采用中国传统的穿斗式构架，5根圆木柱和梁为主要的承重构件。单元平面形制方面，石库大门进去即为前天井，面积大约为11平方米，相对于老式石库门来说已经大幅缩小。穿过天井后，便是寓所用于会客的客堂间，此处便是当初中共二大第一次全体会议举行的场所。客堂间后部是通向二层的楼梯。楼梯间在大部分石库门中属于交通空间及辅助的储藏空间，但在此间石库门中，李达则把它当作办公场所，这一方小小的8平方米之地即是后来的人民出版社起源之地。

楼梯间之后便是后天井及灶披间，灶披间上部为一层亭子间。此处的石库门采用了两套楼梯体系：正屋一二层的上下出入采用设置在楼梯间的木楼梯连接，同时，附屋与正屋之间拉开1.6米的距离，形成后天井，附屋部分亭子间和晒台的上下通过设置在后天井上方的钢筋混凝土台阶，与正屋的楼梯间联系起来。在坡屋顶处，木柱上搭接木檩条，屋架中木柱通常隐在纵墙中，檩条上架椽子，并在上面铺设22厘米×12厘米的望砖。望砖上座浆正反铺小青瓦，形成屋面防水层（见图9-53）。

平民女校位于辅德里现存两排建筑的北侧排632号，即在中共二大会址的后排。该排建筑全部由一正一厢共计5个双开间组成，与南侧排建筑的组成方式有所不同。整座建筑结构和平面形式与中共二大旧址（李达寓所）类似，都为五柱落地的穿斗式木屋架，保持着"前天井—客堂间—

楼梯间—后天井—附屋"的布局。但与南排建筑不同的是，该排石库门建筑灶披间上部并无亭子间，而是敞开的露台。建筑东侧厢房分前中后3个部分，女校教室位于一楼前厢房，面积约为26平方米，地面铺木地板，如今展厅内还保留着4排桌椅，还原了当时的上课场景。后厢房则作为女校宿舍，陈列着简单的3张木板床。

建筑美学方面，石库门最精彩的在于其门头部分，是建筑装饰最为集中之处。在早期石库门中，门头部分常模仿江南传统建

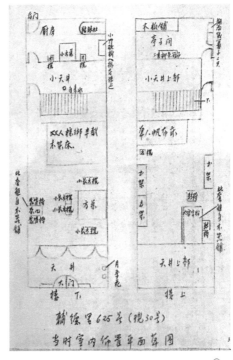

图9-53 中共二大旧址原室内布局图①

筑中的仪门，做成中国传统砖雕青瓦压顶的门头样式。后期受到西方建筑风格的影响，常用三角形、半圆形、弧形花饰，类似西方建筑门、窗上部的山花楣饰。辅德里的石库门门头装饰同样丰富多彩，具有精彩的门楣雕刻、丰富的线脚和活泼的颜色。

中共二大旧址所在的南排建筑采用天然石料制成门框，其中镶嵌着黑漆大木门，两边以清水红砖做壁柱，壁柱头部点缀着罗马式柱头砖雕。该排每扇木门的上方均有不同意境的题字匾额，中共二大旧址这一间石库门的门楣上题有"腾蛟起凤"四字，乃出自唐代诗人王勃的《滕王阁序》。平民女校所在的北排石库门门头装饰与南排相似，但其上无字匾。外立面窗户方面，南侧排石库门大多为双扇木质平开窗外套百叶窗扇，配以矩形窗洞，上部有红砖装饰。北排建筑的外立面窗则是双扇和三扇

---

① 中共上海市委党史研究室，中共二大会址纪念馆.腾蛟起凤——中共二大历史影像图录[M].上海：上海书店出版社，2013：131.

木窗混用，窗洞上方有红砖拱形装饰。建筑正立面二排都为四扇木质平开窗，用于前楼的采光通风。中共二大旧址建筑特征如图9-54至图9-57所示。

3. 现状

中共二大旧址在1959年被确立为上海市文物保护单位后，经历过三次较大的历史变迁：

第一次是1999年因建设延安路高架而进行动迁时，辅德里如今现存的两排石库门建筑中共二大和平民女校旧址因属于上海市文物保护单位而得以保留，其余的建筑已被拆除作为道路和绿化用地，原有的居民全部

图9-54 辅德里入口现状

图9-55 窗户为木制百叶窗扇，窗洞以红砖装饰

图9-56　中共二大旧址的石库门　　图9-57　位于中共二大旧址及平民女校原址间的弄堂

迁出。

　　第二次是在2001年为了迎接中共二大召开80周年，中共静安区委和静安区政府对中共二大旧址进行修缮，基本保持了原貌，并根据使用要求对内部空间进行了局部改造，展厅面积设计为70余平方米。在2002年7月，也就是中共二大召开80周年之际，隶属于静安区档案局的中共二大会址纪念馆正式对外开放。

　　第三次较为重要的修缮是在2007年6月，中共静安区委书记专题会议决定对中共二大会址纪念馆进行扩建及维修。2008年底，修缮工程正式竣工，纪念展览馆于2009年元旦正式以崭新的面貌出现。

　　经过改造的这两排辅德里石库门建筑，除了二大旧址（即李达寓所）

和平民女校一共3个开间仍然保持着原来的砖木结构外，建筑其余开间都是用全新的钢筋混凝土结构承重。外立面采用清水青砖墙加红砖线条装饰，以还原当年老辅德里的旧貌。两排建筑北立面原来用作灶披间排烟的12个烟囱，现在也只起着装饰作用。在屋顶部分，居民原本用于扩大居住面积的阁楼和用于采光的老虎窗也被取消，以便还原石库门建筑最初的状态。

如今，中共二大会址纪念馆和平民女校旧址这两排代表着这座城市曾经最典型的民居建筑，自建成起已经在历史的风雨飘摇中矗立了100多年。四周不断有高楼拔地而起，而它们则作为历史的一部分长久地保存了下来。

第 10 章
其他地区

10.1 "五卅"运动初期上海总工会旧址

地址：宝山路403弄宝山里2号（见图10-1）

建造年代：1920年

石库门样式：新式石库门

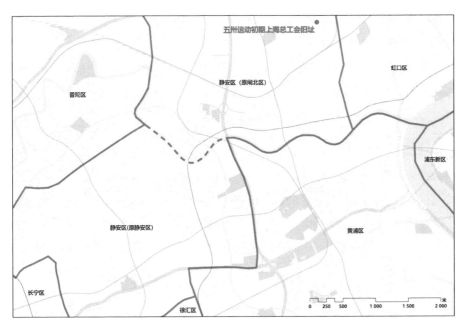

图 10-1 "五卅"运动初期上海总工会旧址区位示意图

占地面积：不详

建筑面积：不详

现有功能：已毁

保护级别：上海市文物保护单位

1. 历史沿革

宝山路403弄2号（原宝山里2号）曾是"五卅"运动初期上海总工会的所在地。原建筑在1932年"一·二八"事变中被日军炮火炸毁。现弄堂内还留存当时的部分房屋，但因为多次修建而与原貌出入较大。1960年11月22日，"五卅"运动初期上海总工会遗址被公布为上海市文物保护单位，并于1980年8月26日被公布为上海市纪念地点。

1925年2月起，上海近5万名工人先后进行罢工以反对日本资本家打人、无理开除工人、停发工人工资等行为。1925年5月16日，中共中央发出第32号通告，紧急要求各地党组织号召工会等社会团体一致援助上海工人的罢工斗争。5月28日，中共中央在上海召开会议，决定加强对工人罢工的领导，并决定发动群众于30日在上海进行反帝示威游行，将工人的经济斗争转化为反对帝国主义的政治斗争。后因为帝国主义的镇压而发生了"五卅"惨案，死伤数十人。中共中央召开紧急会议并决定由瞿秋白、蔡和森、李立三、刘少奇和刘华等组成行动委员会，领导斗争，组织上海的民众罢工、罢课等，从而进一步扩大反帝运动。

5月31日晚，上海各工会代表在闸北虹江路46号广东会馆礼堂召开各工会联席会议，成立上海总工会，并决定将上海总工会机关会址设在闸北宝山路宝山里2号。6月1日，上海总工会在宝山里2号挂牌，李立三为委员长，刘华为副委员长，刘少奇为总务部主任。同年7月10日，上海总工会从宝山里2号迁移至共和路和兴里27号。6月11日，上海总工会创办的机关报《上海总工会日刊》和《工人画报》在宝山里创刊发行。

宝山路始建于光绪二十八年（1902年），长1 756米，宽10～22米，宝山路也是1927年"四·一二"惨案的发生地。

2. 建筑特征

宝山里 2 号上海总工会会所原是砖木结构的二层石库门住宅，坐北朝南，于 1932 年一·二八淞沪抗战中为日军炮火所毁，后在原址另建一座三层砖混楼房，现用作公共浴室，已彻底不复当初石库门样式。如今，宝山里弄内虽尚存有部分当年房屋，但已经多次修建，也不复原来面貌（见图 10-2 至图 10-4）。

图 10-2　宝山里现况

图10-3　宝山里2号如今早已变样　　图10-4　"五卅"运动初期上海总工会原
　　　　　　　　　　　　　　　　　　　　　址处新建的三层砖混楼房

10.2　会文堂印书局旧址

地址：会文路125弄6号（见图10-5）

建造年代：根据建筑风格特征，应该属于早期的新式石库门，可能在1915年左右

石库门样式：新式石库门

占地面积：不详

建筑面积：不详

现有功能：住宅

保护级别：静安区文物保护单位

1. 历史沿革

1925年5月31日，上海总工会成立，为及时指导工人运动，中

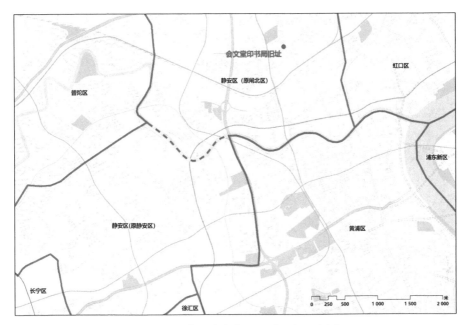

图10-5　会文堂印书局旧址区位示意图

共中央于6月在会文路125弄6号的石库门建筑内创办了第一家地下印刷厂，用以印刷和出版大量文件、报刊、传单等，其中包括《向导》《新青年》等刊物[①]，并在石库门门口悬挂"会文堂印书局"招牌作为掩护。印刷厂创立三个月后，因取纸型的同志被捕，为防止工厂暴露，中共中央决定关厂，撤走全部人员。现址成为民居，没有纪念碑文。

2. 建筑特征

会文路125弄景象及建筑特征如图10-6至图10-11所示。会文堂印书局旧址位于会文路125弄6号，该排房屋坐北朝南，共有7个单元，东、西端为双开间，其余都为单开间。弄堂宽度为2.9米，不算宽敞，当时流行的黄包车正好勉强可以通行。相比于老式石库门里弄，会文路125弄建筑的排列方式转向为西方联排式，同时注意房屋的朝向和通风，属于典型的早期新式石库门里弄。弄口处设置过街楼，其

---

① 上海市闸北区志编纂委员会. 闸北区志[M]. 上海：上海社会科学院出版社，1998：24.

图10-6　会文路125弄景象

图10-7　会文路125弄的石库门天井

图 10-8 会文堂印书局旧址外部

图 10-9 会文堂印书局旧址前天井上空搭设雨棚

图 10-10 会文堂印书局旧址后天井上空开窗采光

图 10-11 在会文堂印书局旧址后天井架设的通往附屋的木楼梯

样式不同于后期新式石库门的过街楼做拱券状处理、设混凝土楼板，而是依旧保持着传统江南民居的白墙黑瓦样式，采用木楼板和双坡屋顶，外立面除了开一扇木质窗户外，无任何其他装饰，与沿街建筑融为一体。

会文路125弄的石库门为砖木二层建筑，单开间形制，一层整体平面保持着"大门—前天井—客堂间—后天井—灶披间"的格局。天井进深为2.1米，相比于后期新式石库门2.5～3.0米的进深显得较为逼仄。客堂间开口方向并不位于正中，而是靠分户墙布置。正屋二层是统排连四扇平开摇梗木窗，窗下墙为板条墙，外刷红漆。同时，二层楼板向外挑出，朝天井方向挑出约20～30厘米，以扩大居室面积，做法与挑出阳台相仿。在正屋与附屋的连接方式上，6号石库门像老式石库门那样正屋与附屋拉开1.2米左右的间隔，形成横向的后天井。附屋部分的亭子间、晒台的上下出入，通过在后天井上设置木质楼梯，与正屋的楼梯间联系起来。待发展到后期新式石库门，也有在后天井内另设露天钢筋混凝土楼梯的，如1930年建造的延安中路多福里。

建筑装饰方面，门头是石库门建筑最有特色的特征部位。会文路125弄6号的门头由水刷石制成，上部做拱形处理，并有多重突出的线脚，内部雕刻有巴洛克式的卷草图案。整个里弄采用三角形山墙，上部无任何装饰。采用双坡屋顶，上覆小青瓦。外墙如今经过多次水泥黄沙修补，已看不出原始材质。

3. 现况

虽然整个里弄已经向新式石库门转变，但是仍然能够看出中国江南传统民居的身影：朴素的过街楼、狭小的弄堂、木料的大量运用，以及传统的江南小青瓦等。随着后期城市人口的大量增长，往日一家一幢的石库门早已不能满足居住需求，因此出现了"七十二家房客"以及石库门加建的情况。在这一户石库门中，为了增加居住面积，住户在前天井上空增设了雨棚，将天井变为室内使用空间的一部分，这在一定程度上影响了室内的通风采光。

10.3　四安里

地址：裕通路 85 弄（见图 10-12）

建造年代：1930 年

石库门样式：新式石库门

占地面积：493 平方米

建筑面积：约 1 478 平方米

现有功能：商业

保护级别：静安区文物保护点

测绘图：图 10-13

1. 历史沿革

四安里建成于 1930 年，里弄东靠恒丰路，西至长安路，南抵普济路，北达裕通路，共计有 43 幢二层石库门住宅和沿街面的钢筋混凝土结构三层楼房。1937 年的"八·一三"事变炸毁了四安里的大部分房屋，使仅余的

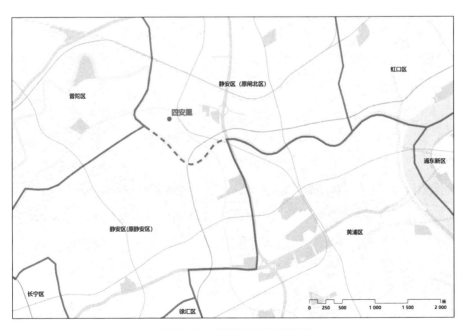

图 10-12　四安里区位示意图

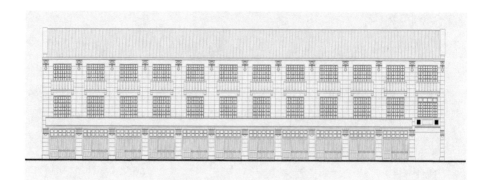

图10-13　四安里建筑立面测绘图

临街三层楼建筑一下成为闸北境内最高的居民房。上海沦陷后，难民在四安里的废墟上搭建棚屋。"三层楼"逐渐成为附近一带的代名词，甚至出现了站名为"三层楼"的公交站[①]。

四安里整体平面呈L形，沿裕通路和恒丰路建造。现保留下来的三层楼建筑上留有四安里的牌匾，目前在房屋的最西端。据考证，这里曾经是整幢建筑的中心，而西侧建筑的拆除时间已无从考证[②]。

2. 建筑特征

四安里为砖木三层的新式石库门里弄，坐南朝北，建筑外墙采用混水砖墙，并用水泥粉刷外墙。由于日军轰炸，如今只保留了沿街一排的房屋以及弄口过街楼。过街楼二层的字匾上以楷书写有"四安里"三字，两边点缀着绽开的石雕菊花。

保留下来的沿街排全为单开间，共计11个单元，底层作为商铺，二层和三层则作为居民住宅。建筑北侧立面三层外挑水泥阳台，与主卧室以落地窗相连。室内南侧则为灶披间、亭子间及水泥制晒台。三楼檐口下方有白色的垂带花饰。整个建筑的外立面处理简洁明了，无过多繁复的装饰。采用红瓦双坡屋顶和三角形山墙，其上无任何装饰。

每间房屋面阔3.7米，一层单元平面遵循着"客堂间—后客堂间—楼梯

① 中国人民政治协商会议上海市闸北区委员会，闸北区苏河湾建设推进办公室. 百年苏河湾[M]. 上海：东方出版中心，2011：46.
② 同上。

间—灶披间及后天井"的布局，进深分别为4.17米、1.96米、1.28米以及3.6米。在正屋与附屋的联接方式上，四安里该排房屋的正屋与附屋直接相连，附屋的宽度缩小1.4米，留作纵向的后天井，因此灶披间、亭子间和晒台的面积减少，大约为5.04平方米（1.4米×3.6米）的面积。建筑的后门开在后天井，相邻房屋的后天井紧靠并列，中间为分户隔墙，上部为统一空间。这样的空间安排既可以解决附属用房的通风采光，又丰富了背立面的外观。

3. 现况

先是在建成初期经历了日军的轰炸，后又经历了80年的风吹雨打，四安里由于黏结砖块的砂浆脱落，其砖与砖之间出现了松动。两边的山墙变形扭曲，朝北的阳台也出现结构性问题，为了拯救这一见证了闸北历史的老建筑，四安里该排房屋于2012年进入了修缮阶段。修缮方案保证了建筑的高度、宽度、朝向、外观都和原样一致，对于楼的瓦片、门窗等则采用更为牢固的材料。但修缮方案舍弃了建筑的附屋部分，即灶披间、后天井及其上的晒台和亭子间，只留下了正屋部分的客堂间和楼梯间部分。

如今修葺一新的四安里外墙是清一色的浅灰水刷石，饰有整齐的线脚。底层每户都装有暗红色玻璃木门，二楼及三楼用同色木质窗框，三楼窗户前为外挑的长方形阳台。西侧弄口安装了镂空铁门，过街楼牌匾上"四安里"三个黑色楷体字清晰可见（见图10-14、图10-15）。

图10-14　四安里现状一

图10-15 四安里现状二

10.4 中共中央阅文处旧址

地址：江宁路673弄10号（原址为戈登路恒吉里1141号，见图10-16）

建造年代：不详（历史使用年代1930年）

石库门样式：新式石库门

占地面积：205.8平方米

建筑面积：263平方米

现有功能：改建中

保护级别：静安区文物保护单位

测绘图：图10-17、图10-18

1. 历史沿革

早在1927年，戈登路恒吉里1141号的这座两楼两底石库门建筑就是"中央文库"的最初秘密保存处，主要负责党中央重要文件的收发、保管及秘书处部分机要工作。周恩来、项英、博古、王明等人都曾在这里批阅文件和参加中共中央政治局会议。这里由中央秘书处文书科兼管，早期化名"张老太爷"的中央秘书处文书科科长张唯一乔装为木器行老板与"儿

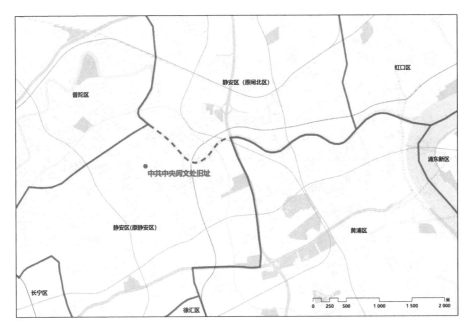

图 10-16　中共中央阅文处旧址区位示意图

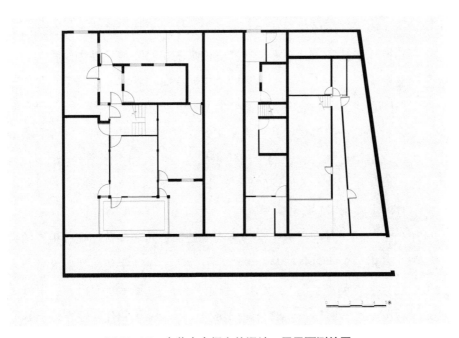

图 10-17　中共中央阅文处旧址一层平面测绘图

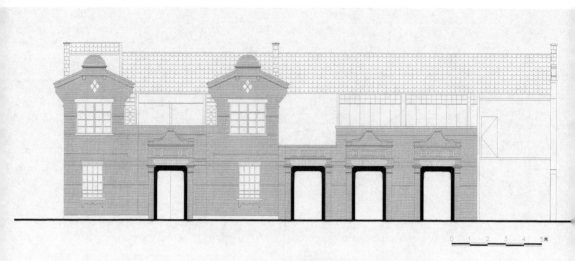

图10-18　中共中央阅文处旧址立面测绘图

子""儿媳"居住在这里。

　　1927年大革命失败后，全国都笼罩在"白色恐怖"中，中共中央机关被迫转入地下。1930年春，随着各地党组织的发展，中共中央各部门的文件积累得越来越多，其中不少涉及党的最高机密。为了妥善保管和处理大量的秘密文件，1930年4月19日的《中共中央对秘密工作给中央各部委全体工作同志信》中，规定"不需要的文件，必须随时送到保管处保存"。1930年夏秋，党决定筹建中共中央阅文处，主要用以保存如下文件：中共中央决议、纲领、宣言；党的全国代表大会、中共中央政治局会议记录；共产国际指示和中共中央提交的报告；对各级党组织的指示信；红军军事文件；党内出版物等。

　　1930年底，周恩来指示张唯一将阅文处保管的文件转移到法租界的另一居所，至此，文件阅办与保管场所开始分离。1931年初，秘书处工作人员张纪恩化名"黄寄慈"，以父亲"张老太爷"的名义继续租下了恒吉里1141号一座一正两厢三开间的石库门房屋。他与妻子和仆人住在楼下和亭子间，而将楼上厢房供中共中央领导阅文、起草文件和开会使用。房间内为掩人耳目，仍旧布置了生活用品，对外宣称租给了不相识的人。这里也是讨论商定中共六届四中全会开会内容的地方。1931年，这一秘密地点遭到敌人搜查。

1949年后，江宁路673弄4号、6号、8号、10号一直作为居民住宅使用。2002年，阅文处旧址所处区域因被批准进行旧城改造，面临被拆迁的危险。2010年底，静安区公布阅文处为不可移动文物，并将其相邻一排的房子（4～10号）保留下来。2013年静安区委党史研究室提出在阅文处旧址上筹建静安区革命历史陈列馆的构想，以期在遗址上整合和集中展示革命历史。2017年静安区政府正式将中共中央秘书处机关（阅文处）旧址公布为区级文物保护单位。

2. 建筑特征

江宁路673弄10号建筑面积约为263平方米，占地约为205.8平方米，与该弄的4号、6号、8号同属于文余里联排的二层石库门建筑。10号为一正两厢三开间，总体开间跨度约为12米，进深17米，左右基本对称，平面总体上保持了"大门—前天井—客堂间及左右两厢房—楼梯间—灶披间—后院"的格局。进门为一方18平方米的天井，其后为客堂间，天井和客厅两侧是左右厢房，客厅后为楼梯间，单层坡屋顶的灶披间紧靠着正屋的楼梯间布置，其后为后院，这与一般的依靠后天井来分隔正屋与附屋的做法略有差别，在一定程度上造成了正屋后部的采光及通风不足。整座建筑对外开窗不多，而是大多面向天井开统排窗户。

楼梯上去，正对客堂间的为前楼，前楼两侧同一楼布局，为二层厢房，厢房亦向天井开木窗。二层楼梯间北侧，即一层灶披间之上，为亭子间。但根据建筑材料及现场情况来看，该亭子间及其上晒台部分应为后期另加。亭子间西侧设有通往晒台的混凝土楼梯。整座建筑的结构类型基本与传统石库门建筑相同，外围主要为砖墙承重，内部为穿斗式构架，晒台局部区域为混凝土制。房屋楼板由木搁栅和木地板组成，屋架由木檩条、方木椽子、屋面板及机制平瓦组成。房屋基础采用青砖砌筑，基础下有碎砖垫层。

在细部装饰方面，阅文处旧址外墙为清水砖墙（黏土青砖），正立面镶嵌红砖线条，内部墙体基本为柴泥纸筋灰粉刷。一楼西厢房地面采用细木地板，客堂间为马赛克铺地。入口处大门的门头及门柱主要由红砖砌筑，门头上方雕有字匾，但其上字迹已被抹去，字匾上方为简化的观音兜，古朴庄重。山墙为巴洛克式观音兜形状。

3. 现状

中共中央阅文处所在的江宁路673弄10号建造年代较久，部分木楼板、木楼梯及门窗等存在缺损、开裂、风化等现象。作为文物建筑，其完整性及安全性存在一定隐患。2013年，静安区启动了中共中央阅文处的保护工作，对其进行修缮，建立静安区革命历史陈列馆（见图10-19）。

图10-19 正在修缮的中共中央阅文处旧址

10.5　太平坊

地址：康定路1353弄1～25号（见图10-20）

建造年代：1930年

石库门样式：新式石库门

占地面积：5 747平方米

建筑面积：3 554平方米

现有功能：住宅

保护级别：静安区文物保护点

测绘图：图10-21、图10-22

1. 历史沿革

太平坊里弄住宅风貌街坊东至胶州路，南至武定路，西至延平路，北至康定路，共占地5 747平方米。1930年由太平银行万姓行长建造，共有

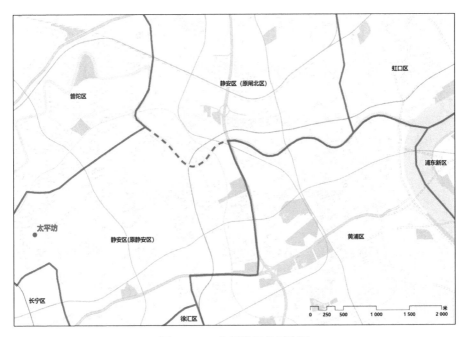

图10-20　太平坊区位示意图

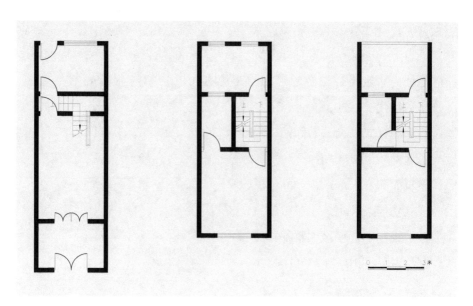

图10-21　太平坊1～21号、24号、25号平面测绘图

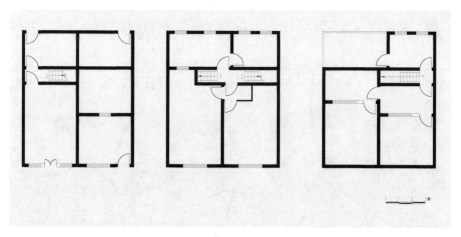

图10-22　太平坊22号、23号平面测绘图

二层石库门单元37幢[①]。

2. 建筑特征

位于康定路1353弄的太平坊建于1930年，里弄内加上沿街排，共有

———————

① 静安区人民政府. 上海市静安区地名志[M]. 上海：上海社会科学院出版社，1988：118.

5排房屋，共计29个单元，以单开间单元为主，单个建筑面积约72平方米。建筑层数为前三后二，砖木结构，屋顶铺设机平瓦，内部地板以洋松为材料，亭子间及晒台处则用混凝土。

　　太平坊内的石库门平面形制遵循典型的新式石库门布局，进门为前天井，接着为客堂间、楼梯间及后天井，最后为灶披间，二层平面和一层类似。但是，太平坊内的石库门和其他新式石库门不大相同的一点在于，建筑的正屋部分为三层，而附屋部分则为二层，二层亭子间之上直接为晒台，因此建筑形成了前三后二的层高。建筑外部装饰较为简单，山墙为简单的三角形，青砖清水墙面，在建筑腰部的位置用一条红砖线条进行装饰。石库门门头为矩形，配以水刷石门套，外部涂以红色抹灰。

　　3.现状

　　由于后期里弄居住人口的快速增长，太平坊内进行了多处改建，以增加居住面积，比如晒台及天井加建等。同时，由于建筑机能的退化，房屋内部的居住环境也堪忧，存在木柱腐朽、墙体抹灰分化、酥碱等情况（见图10-23至图10-26）。

图10-23　太平坊沿街

图 10-24　太平坊里弄入口处的过街楼

图 10-25 太平坊弄堂内景

图 10-26 太平坊建筑背立面

参考文献

[1] 曹炜.开埠后的上海住宅[M].北京：中国建筑工业出版社，2004.

[2] 陈从周，章明.上海近代建筑史稿[M].上海：上海三联书店，1995.

[3] 承载，吴健熙.老上海百业指南：道路机构厂商驻扎分布图[M].上海：上海社会科学院出版社，2008.

[4] 范文兵.上海里弄的保护与更新[M].上海：上海科学技术出版社，2004.

[5] 葛石卿.上海里衖分区精图[M].上海：中华地图学社，2008.

[6] 葛元熙.沪游杂记·淞南梦影录·沪游梦影[M].上海：上海古籍出版社，1989.

[7] 龚德庆，张仁良.静安历史文化图录[M].上海：同济大学出版社，2011.

[8] 上海市文化广播影视管理局.石库门里弄建筑营造技艺[M].上海：上海人民出版社，2014.

[9] 静安区人民政府.上海市静安区地名志[M].上海：上海社会科学院出版社，1988.

[10] 静安区三普领导小组办公室，静安区文物史料馆.都市印记——静安区建筑文化撷[M].上海：上海辞书出版社，2013.

[11] 静安区地方志编纂委员会.静安区志[M].上海：上海社会科学院出版社，1996.

[12] 蒯世勋.上海公共租界史稿[M].上海：上海人民出版社，1980.

[13] 马学强.上海石库门珍贵文献选辑[M].北京：商务印书馆，2018.

[14] 王曼隽，张伟.风华张园图录[M].上海：同济大学出版社，2013.

[15] 阮仪三，张晨杰，张杰.上海石库门[M].上海：上海人民美术出版社，2011.

[16] 上海市房地产科学研究院.上海历史建筑保护修缮技术[M].北京：中国建筑工业出版社，2011.

[17] 上海市静安区规划和土地管理局.静安地名追踪[M].上海：复旦大学出版社，2013.

[18] 上海市闸北区志编纂委员会.闸北区志[M].上海：上海社会科学院出版社，1998.

[19] 上海章明建筑设计事务所.老弄堂建业里[M].上海：上海远东出版社，2008.

[20] 上海住宅建设志编纂委员会.上海住宅建设志[M].上海：上海社会科学院出版社，1998.

[21] 沈华.上海里弄民居[M].北京：中国建筑工业出版社，1993.

[22] 田汉雄，宋赤民，余松杰.上海石库门里弄房屋简史[M].上海：学林出版社，2018.

[23] 王绍周，陈志敏.里弄建筑[M].上海：上海科学技术文献出版社，1987.

[24] 王绍周.上海近代城市建筑[M].南京：江苏科学技术出版社，1989.

[25] 伍江.上海百年建筑史（1840—1949）[M].上海：上海同济大学出版社，2008.

[26] 薛理勇.街道背后：海上地名寻踪[M].上海：同济大学出版社，2008.

[27] 张晨杰.永不消失的里弄[M].南京：东南大学出版社，2018.

[28] 张伟，严洁琼.张园传奇[M].上海：同济大学出版社，2013.

[29] 张伟，严洁琼.清末民初上海的社会沙龙[M].上海：同济大学出版

社，2013.

[30] 张笑川.近代上海闸北居民社会研究[M].上海：上海辞书出版社，
2009.

[31] 张仲礼，陈曾年.沙逊集团在旧中国[M].北京：人民出版社，1985.

[32] 中国人民政治协商会议上海市闸北区委员会，闸北区苏河湾建设推
进办公室.百年苏河湾[M].上海：东方出版中心，2011.

[33] 高兴华.新城兴衰——近代闸北城市化研究（1900—1949）[D].上
海：上海师范大学，2007.

[34] 季国良.城市化背景下上海石库门里弄住宅的特质[J].民俗研究，
2015(02)：155–160.

[35] 刘刚.1958年前后上海石库门里弄社区的城市改造[J].新建筑，
2017(06)：30–34.

[36] 梅青，陈慧倩.上海石库门考今与可持续发展探讨[J].建筑学报，
2008(04)：85–88.

[37] 任夏.近代上海静安区城市化研究（1862—1949）[D].复旦大学，
2012.

[38] 张晓虹，牟振宇.城市化与乡村聚落的空间过程——开埠后上海东北
部地区聚落变迁[J].复旦学报(社会科学版)，2008(06)：101–109.

[39] 周俭，张波.在城市中寻找形式的意义——上海新福康里评述[J].时
代建筑，2001(02)：33–35.

[40] 时筠仑，李振东，周祺.静安区丰盛里E幢(洋房)保留建筑拆解与复
建的工艺探索与应用[J].中国房地产业，2017(31)：1–3，6.

[41] 时筠仑，李振东.张园地区历史建筑研究[J].中国房地产业，2017(28)：
1–3，5.

[42]《房地产业卷》编纂室.上海市志·城乡建设分志·房地产业卷
（1978—2010）[Z].内部资料，2017.

索　引